Christian-D. Schönwiese

Klimaänderungen

Daten, Analysen, Prognosen

Springer-Verlag
Berlin Heidelberg New York
London Paris Tokyo
Hong Kong Barcelona
Budapest

Mit 58 Abbildungen, davon 7 in Farbe

ISBN 3-540-59096-X
Springer-Verlag Berlin Heidelberg New York

Dieses Werk ist urheberrechtlich geschützt. Die dadurch begründeten Rechte, insbesondere die der Übersetzung, des Nachdrucks, des Vortrags, der Entnahme von Abbildungen und Tabellen, der Funksendung, der Mikroverfilmung oder der Vervielfältigung auf anderen Wegen und der Speicherung in Datenverarbeitungsanlagen, bleiben, auch bei nur auszugsweiser Verwertung, vorbehalten. Eine Vervielfältigung dieses Werkes oder von Teilen diese Werkes ist auch im Einzelfall nur in den Grenzen der gesetzlichen Bestimmungen des Urheberrechtsgesetzes der Bundesrepublik Deutschland vom 9. September 1965 in der jeweils geltenden Fassung zulässig. Sie ist grundsätzlich vergütungspflichtig. Zuwiderhandlungen unterliegen den Strafbestimmungen des Urheberrechtsgesetzes.

© Springer-Verlag Berlin Heidelberg 1995
Printed in Germany

Redaktion: Ilse Wittig, Heidelberg
Umschlaggestaltung: Bayerl & Ost, Frankfurt
unter Verwendung einer Illustration von Elle Schuster/The Image Bank
Innengestaltung: Andreas Gösling, Bärbel Wehner, Heidelberg
Herstellung: Sieglinde Jeggle, Heidelberg
Satz: Datenkonvertierung durch Springer-Verlag
Druck: Druckhaus Beltz, Hemsbach
Bindearbeiten: J. Schäffer GmbH & Co. KG, Grünstadt
67/3130 – 5 4 3 2 1 0 – Gedruckt auf säurefreiem Papier

Für Nanne, Ralf und Alexa

Inhaltsverzeichnis

1 Einführung 1
Das Klima im Wandel 1
Die Erdatmosphäre als Träger
der Klimaphänomene..................... 3
Charakteristische Zeit meteorologischer Vorgänge   7
Was bedeutete der Begriff »Klima«
in der Vergangenheit?.................... 10
Die Zeitskala atmosphärischer Phänomene 14
Das Klimasystem........................ 17
Was sind Klimaelemente? 21
Was verstehen wir heute unter »Klima«?...... 23

2 Klimatologische Informationsquellen .. 27
Anfänge physikalischer Meßtechnik 27
Vieljährige Meßreihen.................... 28
Beobachtungsnetze 30
Historische Klimadaten................... 34
Paläoklimatische Informationsquellen........ 36

3 Statistisch-klimatologische Methodik .. 50
Mit welchen Methoden analysiert
man Klimadaten?........................ 50
Stichprobenbeschreibung.................. 51
Verteilungstheorie 53

Schätz- und Testtheorie 54
Korrelation und Regression 57
Spektrale Varianzanalyse 58
Zeitreihenfilterung 62

4 Geschichte der Klimänderungen 65
Auswahl des Datenmaterials. 65
Die letzten beiden Jahrhunderte 66
Die letzten Jahrtausende 79
Die letzten 10000 Jahre 91
Die Würm-Kaltzeit 94
Die Eem-Warmzeit 101
Quartäres Eiszeitalter 103
Warmklima des Tertiärs und Mesozoikums 108
Überblick seit der Existenz der Erde 111

5 Natürliche Ursachen von Klimaänderungen 118
Allgemeine Aspekte 118
Sonneneinstrahlung und Strahlungsbilanz 122
Erdbahnparameter 128
Treibhauseffekt 132
Vulkantätigkeit. 136
Kontinentalverschiebung 141
Atmosphärische Zirkulation. 144
Ozeanische Zirkulation und El Niño 150

6 Klimamodelle 153

7 Produzieren wir unser eigenes Klima? 158
Gewollte und ungewollte Klimaänderungen 158
Waldrodungen, Vordringen von Wüsten
und Bodenverluste 161
Stadtklima 166
Troposphärische Partikel 169

Anthropogene Verstärkung
des »Treibhauseffektes«.................... 172
Stratosphärischer Ozonabbau 184
Synthese und Abgrenzungsprobleme 186

8 Zukunftsperspektiven für das Klima... 192

**Verwendete Abkürzungen,
Symbole und Maßeinheiten**............. 199

Literatur............................. 202

Sachverzeichnis 213

Vorwort

Als ich im Jahr 1979 dank der Aufgeschlossenheit des Springer-Verlages mein erstes Klimabuch veröffentlichen konnte – damals unter dem Titel »Klimaschwankungen« als Nummer 115 der Reihe »Verständliche Wissenschaft« –, da war es kein Zufall, daß im gleichen Jahr die erste UN-Weltklimakonferenz stattfand. Nach einer langen, mindestens bis in die Antike zurückreichenden Entwicklung der traditionellen und in den letzten Jahrzehnten sehr stürmischen Entwicklung der modernen Klimatologie markiert diese Klimakonferenz nämlich einen Wendepunkt: Sie richtete sich erstmals an die Öffentlichkeit, und zwar mit einem Appell, in allen Ländern der Welt das Problem anthropogener Klimaänderungen (endlich) wahrzunehmen und diese Klimaänderungen zu verhindern. Vorausgegangen war eine ganze Kette wissenschaftlicher Befunde und Warnungen, die bis zum schwedischen Physikochemiker Arrhenius (1896) zurückreichen; denn er war einer der ersten Wissenschaftler, die auf die anthropogene Anreicherung der Erdatmosphäre mit Kohlendioxid und daraus resultierende Änderungen des Weltklimas hingewiesen haben.

Mir schien es 1979 an der Zeit zu sein, mich ebenfalls an die Öffentlichkeit zu wenden (mein Lehrbuch »Klimatologie« ist erst 1994 gefolgt), und nicht nur das: Ich hielt es für unumgänglich, den Problemkreis der anthropogenen Klimabeeinflussung in den Kontext der gesamten, überaus vielfältigen Klimaänderungen zu stellen, wie sie seit der Existenz der Erde abgelaufen sind. Und der Leser sollte auch erfahren, woher diese vielen Klimainformationen stammen, welche Schwierigkeiten dabei bestehen und wie sie zu interpretieren sind. Schließlich ist wichtig, welche physikochemischen Prozesse Klima und Klimaänderungen erzeugen und zu welchen Prognosen das Instrument der Klimamodellierung fähig ist.

An diesem Grundkonzept hat sich im hier vorliegenden Buch nichts geändert. Allerdings liegt eine Fülle neuer wissenschaftlicher Befunde der sich noch immer stürmisch fortentwickelnden Klimaforschung vor. Und die Aufmerksamkeit der Öffentlichkeit ist erst seit Mitte der achtziger Jahre wirklich erwacht. Dies hat u. a. zur UN-Klimarahmenkonvention (formuliert bei der UN-Konferenz über Umwelt und Entwicklung, Rio de Janeiro, 1992) und zur ersten Vertragsstaatenkonferenz dazu (Berlin, 1995) geführt, auch wenn sich gerade diese letztgenannte Konferenz zu einer Problemlösung nicht durchringen konnte; immerhin ist daraus aber das Mandat zur Formulierung konkreter Maßnahmen bis 1997 hervorgegangen.

Das vorliegende Buch, nach wie vor zwar möglichst informativ, aber zugleich möglichst allgemeinverständlich gehalten, greift nur noch in Relikten auf meine 1979 geschriebene Bestandsaufnahme zurück, wobei nicht ganz unwichtig ist, daß einige heute als Weltsensation verkaufte Forschungsergebnisse (z. B. die Instabilität der Eem-Warmzeit) damals zumindest im Prinzip schon bekannt waren. Ungefähr drei Viertel des Buches sind neu geschrieben, wobei ich Frau A. Neuse für die Textverarbeitung dankbar bin. Die Gestaltung der Illustration verdanke ich teilweise Frau C. Lidzba, im Fall der »historischen« Rückgriffe Herrn E.O. Bühler. Die Abbildungen 48a – 50 sind auf Anregung des Springer-Verlages aufgenommen worden, dem ich wieder für die Aufgeschlossenheit und ansprechende Gestaltung des Bändchens danke.

Christian-Dietrich Schönwiese

1 Einführung

Das Klima im Wandel

Unsere Welt im Wandel, *Global Change*, das ist nicht nur eine internationale und interdisziplinäre Forschungsaufgabe, sondern auch Gegenstand intensiver öffentlicher Diskussionen. Dabei denken viele primär an anthropogene Vorgänge:

- Anstieg der Weltbevölkerung,
- Weltenergie und Umweltbelastung (Borsch u. Wagner 1992),
- technologische bzw. industrielle Entwicklung,
- Gentechnik und vieles mehr.

Eng damit verknüpft sind die berechtigten Fragen nach der Tragfähigkeit solcher Entwicklungen (»Sustainable Development«), d. h. inwieweit die menschliche Existenz und letztlich die Existenz des gesamten Lebens auf der Erde (Biosphäre) von solchen Entwicklungen beeinträchtigt wird. Oder anders ausgedrückt:

- Kann die »Mutter Erde« (Gaia) diese Entwicklungen verkraften, im wahrsten Sinne des Wortes »ertragen«, wird sie sogar in Analogie eines selbstregulierenden Lebewesens (sog. Gaia-Hypothese; Lovelock 1991) schädigende Entwicklungen abpuffern und ausgleichen?

Oder wird sie ganz im Gegenteil durch die Aufschaukelung der systemaren Prozesse völlig aus dem Gleichgewicht gebracht, somit nachhaltig und extrem geschädigt, ganz im Sinne des sog. Schmetterling-Effektes (Breuer 1993), wonach kleine Anstöße wie der Flügelschlag eines Schmetterlings – nach Erfüllung der Vorbedingungen – große Effekte bewirken?

Wer allzu sehr auf anthropogene Vorgänge fixiert ist, kann leicht der Gefahr unterliegen, natürliche Prozesse und somit den natürlichen Wandel zu übersehen oder zumindest unterzubewerten. Ein typisches und lehrreiches Beispiel dafür ist das Klima:

Seit die Erde existiert, und das sind nun 4,6 Milliarden Jahre, befindet sich das Klima im Wandel, und es hat somit Klimaänderungen zum Teil von überaus drastischer und gelegentlich auch abrupter Art gegeben. Statistisch und zugleich umfassender ausgedrückt: Das Klima ist variabel in allen Größenordnungen des Raumes und der Zeit. Diese Vielfalt der Klimaänderungen, unser Klima im Wandel (Schönwiese 1992, 1994a), war für lange Zeit ein rein natürlicher Vorgang, rekonstruierbar immerhin bis maximal 3,8 Milliarden Jahre zurück. Mit dem Seßhaftwerden des Menschen (sog. neolithische Revolution) und den damit verknüpften Waldrodungen in historischer Zeit – z. B. Rodungen während der Römerzeit im Mittelmeerraum, aber auch in Mitteleuropa, wo in Deutschland zwischen 800 und 1400 n. Chr. die Waldfläche von ca. 90 % auf ca. 20 % (heute 30 %) geschrumpft ist – hat auch der Mensch in das Geschehen eingegriffen. In industrieller Zeit, seit ca. 1800 n. Chr., ist in Zusammenhang mit den Weltproblemen Bevölkerung und Energie (Opitz 1990), einschließlich landwirtschaftlicher und industrieller Produktion, freilich eine neue, globale Situation anthropogener Klimabeeinflussung herangereift, die trotz aller Fragezeichen und Unsicherheiten der Trennung anthropogener von natürlichen Klimaänderungen Sorgen bereiten muß und Maßnahmen erfordert.

Um dies und insbesondere die Konkurrenzsituation natürlicher und anthropogener Klimaänderungen erkennen und bewerten zu können, ist es unerläßlich, zunächst den Klimabegriff (Kap. 1) und die klimatologischen Informationsquellen (Kap. 2) kennenzulernen. Aus diesen Klimadaten und ihrer mathematisch-statistischen Analyse (Kap. 3) ergibt sich dann die prähistorische und historische Geschichte der Klimaänderungen (Kap. 4), was konsequenterweise zur Ursachenfrage (Kap. 5) überleiten muß. Die anthropogene Klimabeeinflussung (Kap. 6), einschließlich der genannten Konkurrenzsituation, führt schließlich zu Schlußfolgerungen (Kap. 7), die weit über den Kompetenzbereich der Klimatologie hinausgehen und daher an dieser Stelle nur knapp und pauschal formuliert werden können. Die Heranführung an den Klimabegriff erfolgt stufenweise, wobei Atmosphäre, charakteristische Zeiten und das »Klimasystem« eine besondere Rolle spielen.

Die Erdatmosphäre als Träger der Klimaphänomene

Daß traditionsgemäß die Atmosphäre der Erde als Träger der Klimaphänomene angesehen wird, geschieht aus Gründen der Datenverfügbarkeit (vgl. Kap. 2), vorwiegend aus der bodennahen Schicht. Unter Atmosphäre ist der Bereich der Erde zu verstehen, dessen untere

Tabelle 1. Zusammensetzung trockener und aerosolfreier Luft in Bodennähe. (Liljequist u. Cehak 1984; Möller 1973; Warneck u. Wurzinger 1989; hier nach Schönwiese 1994b).

Gas, chemische Formel	Konzentration (Volumenanteile)	
Stickstoff, N_2	78,084%	(% = 10^{-2})
Sauerstoff, O_2	20,946%	
Argon, Ar	0,934%	
Kohlendioxid, CO_2	0,0355% = 355 ppm[a]	(ppm = 10^{-6})
Neon, Ne	18,2 ppm	
Helium, He	5,2 ppm	
Methan, CH_4	1,7 ppm[a]	
Krypton, Kr	1,1 ppm	
Wasserstoff, H_2	0,56 ppm	
Distickstoffoxid (Lachgas), N_2O	0,31 ppm[a]	
Xenon, Xe	0,09 ppm = 90 ppb	(ppb = 10^{-9})
Kohlenmonoxid, CO	50–200 ppb[b]	
Ozon, O_3	15– 50 ppb[c]	
Stickoxide, NO_x (= NO, NO_2)	0,05– 5 ppb[b]	
Fluorchlorkohlenwasserstoffe (FCKW),	FCKW-11[d] 0,25 ppb = 250 ppt	
	FCKW-12[d] 0,45 ppb = 450 ppt	
		(ppt = 10^{-12})

[a] Ansteigender Trend.
[b] Räumlich stark variabel, in Ballungszentren bis zu ca. 10fache Konzentrationen möglich.
[c] Wie [a] und [b], Stratosphäre Rückgang.
[d] Korrekt Chlorfluormethane (engl. CFC = Chlorfluorkohlenstoffe, FCKW-11 = $CFCl_3$ = Trichlorfluormethan, FCKW-12 = CF_2Cl_2 = Dichlordifluormethan).

Grenzfläche von den Oberflächen des Festlandes, der Gewässer und der Eisgebiete gebildet wird: die Erdoberfläche also. Nach oben hin geht die Atmosphäre kontinuierlich, d. h. ohne daß eine obere Grenzfläche erkennbar ist, in den interplanetarischen Raum, den sog. Weltraum, über.

Die Atmosphäre besteht aus einem Gemisch von Gasen wie Sauerstoff, Stickstoff, Wasserdampf, Kohlendioxid u. a. (Tabelle 1), weiterhin aus Wassertröpfchen,

Eispartikeln sowie verschiedenartigen anorganischen und organischen Schwebeteilchen. Die Gase einschließlich Wasserdampf, der die Luftfeuchtigkeit bestimmt, stellen das unsichtbare Luftgemisch dar. Die Wasser- und Eispartikel bilden Nebel, Wolken und Niederschlag. Sie heißen auch *Hydrometeore,* woraus sich der Name *Meteorologie* (nach Aristoteles, im Gegensatz zu den Feuermeteoren«) herleitet. Die Schwebeteilchen, die ebenfalls flüssig oder fest oder beides (Konglomerate) sein können, aber nicht aus Wasser bestehen, werden in der Meteorologie *Aerosole* genannt und sind häufig als Lufttrübung sichtbar.

Aufgrund der Schwerkraft der Erde nehmen Dichte und Druck in der Atmosphäre nach oben hin ab. Der Druck in einer Höhe von ca. 700 Kilometern über dem Meeresspiegel entspricht annähernd einem technischen Hochvakuum. Um überhaupt von einer Obergrenze der Atmosphäre reden zu können, wird sie meist fiktiv in rund 1000 Kilometern Höhe angenommen. Bis in ca. 100 Kilometer Höhe ist sie bis auf einige Ausnahmen (Wasserdampf, kurzlebige Gase wie Ozon, Aerosole) gleichmäßig durchmischt, man spricht von der *Homosphäre,* während darüber, in der *Heterosphäre,* eine Ausschichtung nach dem Molekulargewicht erfolgt, mit der leichtesten Substanz, Wasserstoff, ganz oben.

Die Lufttemperatur der Atmosphäre verändert sich ebenfalls in Abhängigkeit von der Höhe: Sie nimmt zunächst, jedenfalls im zeitlichen und örtlichen Mittel, von unten nach oben hin ab (Abb. 1). Diese Schicht, in der sich die typischen Wettervorgänge wie Bewölkung und Niederschlag abspielen, heißt *Troposphäre* oder auch *Wettersphäre.* Ihre Obergrenze, die *Tropopause,* steigt von polaren Gebieten in Richtung Äquator von ca. 5 bis 7 auf rund 17 Kilometer Höhe an. In der sich daran nach oben anschließenden Schicht, der *Stratosphäre,* bleibt die Temperatur erst mit der Höhe annähernd konstant, um

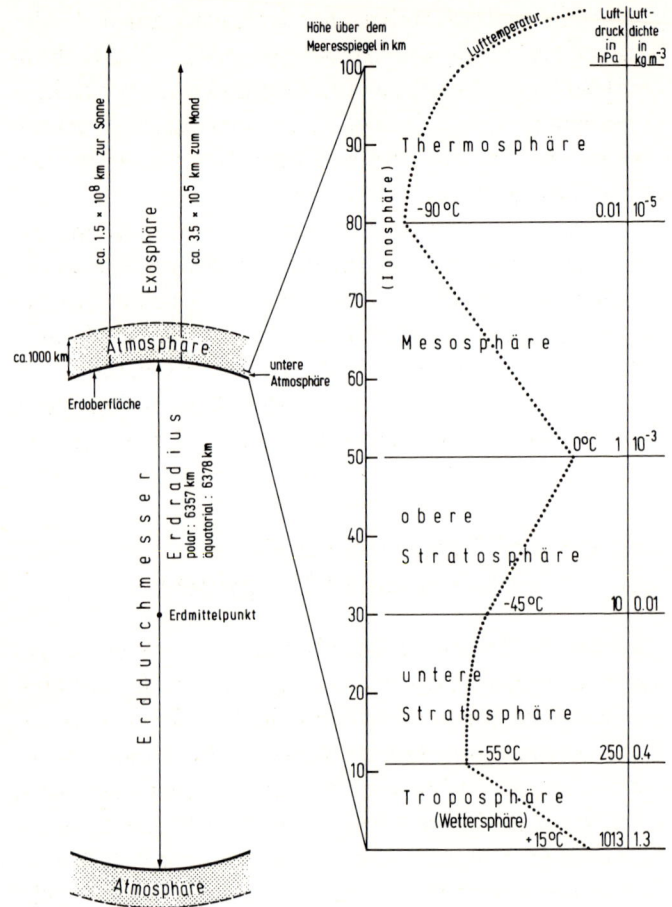

Abb. 1. Atmosphäre der Erde. *Links* Vergleich der Entfernungen, *rechts* Schema der Stockwerkeinteilung für die unteren 100 km mit Angaben zu Temperatur, Druck und Dichte (Mittelwerte). (Nach Möller 1973; Liljequist u. Cehak 1984; Weischet 1991; verändert).

in der oberen Stratosphäre wieder zuzunehmen. In der *Mesosphäre* nimmt die Temperatur mit der Höhe ab, in der Thermosphäre wieder zu. Wegen besonderer elektrischer Phänomene, die hier nicht interessieren, werden Mesosphäre und der untere Teil der *Thermosphäre* auch *Ionosphäre* genannt.

Die geschilderten Charakteristika der Lufttemperatur bilden die Grundlage für die »Stockwerkeinteilung« der Atmosphäre, die in ihrer Gesamtheit das Arbeitsgebiet der Meteorologie ist. Dabei ist das *Wetter* (Krüger 1994), wie im folgenden näher erkennbar sein wird, nur ein Teilaspekt unter vielen, so daß Meteorologie und Wetterkunde keinesfalls gleichgesetzt werden dürfen.

Charakteristische Zeit meteorologischer Vorgänge

Die Aussagen, die wir über die Lufttemperatur gemacht haben, sind deswegen möglich, weil die Lufttemperatur zu den meßbaren physikalischen Größen gehört. Im Gegensatz zu solchen Meßgrößen gibt es auch Phänomene, die sich mit Meßgeräten nicht erfassen lassen bzw. im Rahmen der Wetterbeobachtung und Klimadokumentation nicht gemessen, sondern nur in ihrem Auftreten festgehalten werden, wie z. B. eine Schönwetterwolke (Cumulus) oder ein Gewitter.

Wenn nun Meßgrößen, wie z. B. die Lufttemperatur, oder Phänomene, wie z. B. ein Gewitter, zeitlich variabel sind, so lassen sich im Fall der Meßgröße zu bestimmten Zeitpunkten relative Maxima und Minima finden (Abb. 2) und im Falle des Phänomens eine gewisse zeitliche Dauer feststellen. So erreicht die Lufttemperatur gewöhnlich am frühen Nachmittag ein Maximum und in den frühen Morgenstunden ein Minimum. Ein bestimm-

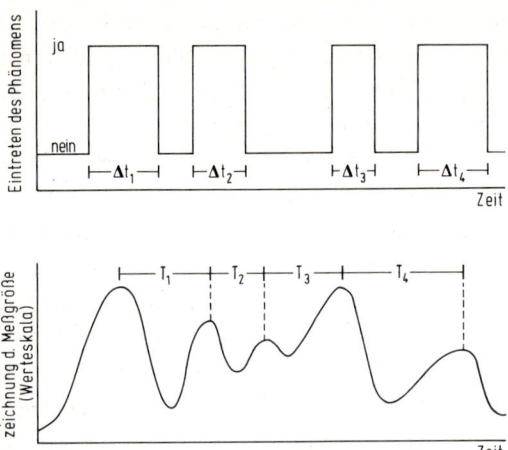

Abb. 2. Zur Definition der charakteristischen Zeit. Oben ist t die Lebensdauer eines Phänomens, z. B. eines Regenschauers. Unten ist T die Zykluszeit (hier definiert als Abstand der relativen Maxima), z. B. beim Jahresgang der Lufttemperatur. Die charakteristische Zeit ist dann der Mittelwert aus t_1, t_2 usw. bzw. aus T_1, T_2 usw.

tes Gewitter könnte beispielsweise an einem bestimmten Ort 20 Minuten anhalten. Um Fehlinterpretationen zu vermeiden, sollte bei Phänomenen jedoch prinzipiell die tatsächliche Lebensdauer erfaßt werden; im Fall des Gewitters bedeutet das die Zeitspanne vom Beginn bis zum Ende, falls man sich in der entsprechenden Wolkenformation mitbewegen würde, und das sind bei diesem Beispiel eher Stunden als Minuten.

Der mittlere zeitliche Abstand der Maxima oder Minima einer Meßgröße bzw. die mittlere Lebensdauer eines Phänomens wird nun als charakteristische Zeit bezeichnet (Abb. 2). Im Fall von Meßgrößen, die in kontinuierlicher Weise quantitativ erfaßbar sind, heißt die charakteristische Zeit auch Periode, ihr Kehrwert Frequenz.

Der Tagesgang beispielsweise hat die charakteristische Zeit oder mittlere Periode 1 Tag = 86 400 Sekunden, bzw. die Frequenz 1/(1 Tag) $1{,}16 \times 10^{-5}$ Hertz (Schwingungen pro Sekunde; x ist das Produktzeichen).

Zeitliche Schwankungen von Meßgrößen lassen sich nun sowohl als Variationen der betrachteten Größe in Abhängigkeit von der Zeit wie auch als »Ausmaß«, d. h. Amplitude und Häufigkeit der Variabilität dieser Größe in Abhängigkeit von der Frequenz bzw. Periode beschreiben. Diese beiden Betrachtungsweisen, die zeitliche und die spektrale, sind so wichtig, daß später näher darauf eingegangen werden soll (vgl. Kap. 3). Der Begriff spektral wird hier in Analogie zum optischen Spektrum der verschiedenen Wellenlängen bzw. Frequenzen und damit auch der Farben des Lichts verwendet.

Weiterhin ist wichtig, daß es exakt periodische Vorgänge, vergleichbar einer mathematischen Sinuskurve, im Klimageschehen nicht gibt. Vielmehr variieren Periode und Amplitude, wie auch im unteren Teil von Abb. 2 dargestellt, so daß man von quasiperiodischen oder zyklischen (auch rhythmischen) Vorgängen spricht. Treten selbst solche Zyklen nicht mehr erkennbar hervor, handelt es sich somit um eine Überlagerung beliebiger Variationen, so spricht man von stochastischen Schwankungen.

Schließlich muß zwischen der charakteristischen Zeit eines Phänomens bzw. der Zykluslänge einer Meßgröße und der Beobachtungszeit unterschieden werden. Letztere muß relativ groß gegenüber der ersteren sein, um zu einer tragfähigen statistischen Beschreibung der Phänomene kommen zu können. Dies sind die mittlere Zykluslänge bzw. Lebensdauer, die zeitlichen und räumlichen Mittelwerte, das Ausmaß der damit verbundenen Variabilität (Varianz), die auftretenden Extrema in ihren Zahlenwerten und ihrer Häufigkeit usw. (vgl. Kap. 3). Mit anderen Worten:

Das jeweilige statistisch zu beschreibende Phänomen muß hinreichend oft innerhalb der Beobachtungszeit vorkommen, um seine mittlere Lebensdauer (charakteristische Zeit) und die anderen statistischen Charakteristika sinnvoll berechnen zu können.

Was bedeutete der Begriff »Klima« in der Vergangenheit?

Bereits seit dem Altertum ist es üblich, den Anteil meteorologischer Vorgänge, bei denen charakteristische Zeiten von vielen Jahren auftreten bzw. unveränderliche Gegebenheiten angenommen werden, als Klima zu bezeichnen. Die Unveränderlichkeit, welcher ein Mathematiker die charakteristische Zeit unendlich zuordnen würde, ist allerdings, wie wir heute wissen, nur scheinbar. Das Wort *Klima* kommt aus dem Griechischen und bedeutet: ich neige. Gemeint ist damit der unterschiedliche Einstrahlungswinkel der Sonne, auf den, grob gesehen, die verschiedenen Klimagürtel der Erde zurückzuführen sind, nämlich heiß in den Tropen, kalt im Polargebiet und gemäßigt in mittleren geographischen Breiten. Diese Konstellation ist bis weit in die Neuzeit hinein als im wesentlichen unveränderlich angesehen worden.

Es gibt aber noch einen anderen Grund, atmosphärische Vorgänge relativ großer charakteristischer Zeiten gesondert im Rahmen der Klimatologie zu betrachten: Vegetation, Gletscher und andere Naturphänomene reagieren weniger auf das Wetter eines Tages, ähnlich wenig auf die Witterungsbedingungen einer Jahreszeit, sondern vielmehr auf Trends und Schwankungen, die einige oder sogar viele Jahre anhalten. Im Fall der Ökosysteme ist dies als eine Art Schutzfunktion gegenüber den zum Teil heftigen, jedoch immer kurzfristigen Schwankungen des Wetters zu verstehen. Ein Ökosystem ist, vereinfacht gesagt, eine Lebensgemeinschaft, deren Glieder zwar verschiedene Formen des Lebens umfassen, die aber in relativ engen Beziehungen zueinander stehen. Sie sind außerdem in mehr oder weniger bestimmter Weise von ihrer Umwelt abhängig, in diesem Fall vor allem von Boden und Klima.

Mit Blick auf das Klima kommt es also darauf an, die atmosphärischen Größen möglichst viele Jahre lang zu beobachten, um daraus die vieljährigen Mittelwerte und sonstigen Charakteristika zu berechnen. Der Vergleich vieljähriger Mittelwerte verschiedener Regionen der Erde als klimatologische Arbeitshypothese geht wohl auf Alexander von Humboldt (1769–1859) zurück. Im Jahr 1923 definierte Köppen: »Unter Klima verstehen wir den mittleren Zustand und gewöhnlichen Verlauf der Witterung an einem gegebenen Orte«. Ähnlich hatte sich bereits 1883 von Hann geäußert. Dementsprechend unterscheiden sich die Begriffe »Wetter«, »Witterung« und »Klima« aufgrund ihrer unterschiedlichen charakteristischen Zeit bzw. Beobachtungsdauer (Abb. 3). Dabei gibt es offenbar beim Klima außer dem Alter der Erde keine obere zeitliche Grenze, während sich an die untere zeitliche Grenze des Wetters noch die Mikroturbulenz anschließt. Die Turbulenzphänomene des Wetters können dann der *Mesoturbulenz* zugerechnet werden.

Diese Unterscheidungen sind insofern nicht unproblematisch, als beispielsweise der Tagesgang der Lufttemperatur nur dann dem Wetter zugeordnet wird, wenn es sich um sein einmaliges (individuelles) Auftreten im Rahmen der Wetteranalyse und -vorhersage handelt. Im statistischen Mittel, über die Jahre hinweg (integrierend) betrachtet, gehört er dagegen durchaus zu den klimatologi-

charakteristische Zeit	1 Sekunde	1 Minute	1 Stunde	1 Tag	1 Monat	1 Jahr	1 Jahrtausend	1 Mill. Jahre	1 Milliarde Jahre	Beispiele
Autor	10^0 10^1 [Sekunden]	10^2	10^3 10^4	10^5	10^6 10^7 [Sekunden]	10^0 10^1 [Jahre]	10^2 10^3	10^4 10^5 10^6	10^7 10^8 10^9 [Jahre]	
	10^{-4} [Stunden] 10^{-3}	10^{-2}	10^{-1} 10^0	10^1	10^2 10^3	10^4	10^5 10^6	10^7 10^8 10^9	10^{10} 10^{11} 10^{12} 10^{13} [Stunden] [Jahre]	
Fortak (1971) (bis 1 Jahr), Manley (1953) (ab 1 Jahr) *Ergänzungen	Mikroturbulenz		Konvektion/Wolken — Wolkensysteme — planetar. Wellen		klimatologische Zirkulations- Fluktuation schwankungen*	histor. u. postglaziale	postglaziale glaziale Schwankung	kleinere geolog.	größere geolog.	Alter der Erde — hypothetischer Zyklus der Eiszeitalter — Tertiär — quartäres Eiszeitalter — Kalt- u. Warmzeiten des Quartärs — Stadial, Interstadial einer Kaltzeit — „postglaziales Klima-Optimum" — „kleine Eiszeit" — Temperaturanstieg und Gletscherrückgang in der 1. Hälfte des 20. Jh. — Dürrekatastrophe der Sahel-Zone Jahresgang der Lufttemperatur — verregneter Sommer „Kältewelle","Schönwetterperiode" — tropischer Wirbelsturm, Tiefdruckgebiet — Tagesgang d. Lufttemp. Schauer, Gewitter — Tornado („Windhose") flache Schönwetterwolken — Kleintromben („Staubteufel") — Windböen Flugunruhe (einzelne „Stöße") — Flugunruhe („Rütteln") — Hitzeflimmern
				Mesoturbulenz*		Makroturbulenz*				
Flohn (1949)	Mikrosynoptik (Mikroklima)		Lokalsynoptik (Mesoklima)	Regionalsynoptik Makroklima	Makrosynoptik Globalsynoptik	kurze längere Klimaschwankung	Klima geologischer Unterabschnitte Abschnitte	Klimavariation 3. Ordnung 2. Ordnung	Zeitalter 1. Ordnung	
*Ergänzungen			Wetter-*		Witterungs-*	Klimaschwankung*	Eiszeiten			
Kolesnikowa u. Monin (1966)	mikrometeorologisch	mesometeorologisch	synoptisch		global	johreszeit. mehrjährig (intrasäkulär)	intersäkulär			

schen Charakteristika einer Meßstation. Auf der anderen Seite gibt es Phänomene, wie beispielsweise eine Kaltzeit («Eiszeit«, näheres in Kap. 4), die auch in ihrer Einmaligkeit (z. B. Würm-Kaltzeit, ca. 75000 bis 11000 vor heute) als Klimaphänomen aufgefaßt wird.

Was die Beobachtungszeit oder -dauer betrifft, so hat die Internationale Meteorologische Konferenz des Jahres 1957 im Rahmen der WMO (Welt-Meteorologische Organisation, Fachorganisation der UN, Sitz Genf) 30 Jahre als Mindestmaß festgelegt und die Zeitspanne 1931 bis 1960 zur »Klimanormalperiode« erklärt; d. h. bezüglich dieser Referenzzeitspanne sollten die statistischen Charakteristika der einzelnen Klimastationen errechnet werden. Ähnliches war 1935 im Rahmen der IMO (Internationale Meteorologische Organisation, Vorgängerin der WMO) für 1901–1930 geschehen. Inzwischen ist eine weitere solche Referenzperiode nämlich 1961 bis 1990 gefolgt, um die sog. »CLINOS« (Climate Normals = Klimanormalwerte) festzulegen. Sinnvoll ist diese Vorgehensweise insofern, als beim Vergleich von Klimadaten von Station zu Station jeweils eine einheitliche Referenzperiode zugrundegelegt werden sollte. Ansonsten ist der Begriff »normal« nicht sehr sinnvoll, da das Klima in allen zeitlichen Größenordnungen variiert, auch innerhalb der genannten willkürlich festgelegten Zeitspannen, so daß sich je nach Wahl der Bezugsperiode unterschiedliche Werte ergeben. Ein »normales« oder auch »derzeitiges« Klima kann es daher – genau genommen – gar nicht geben; vielmehr wird der

---

Abb. 3. Meteorologisch-klimatologisches Schwankungsspektrum, wobei die Begriffe und Beispiele nach der charakteristischen Zeit geordnet sind. (Vgl. auch Abb. 2; Zusammenstellung nach den angegebenen Autoren und ergänzt).

Gang durch die Klimageschichte (vgl. Kap. 4) zeigen, wie relativ der Klimabegriff in Erscheinung tritt.

Die Zeitskala atmosphärischer Phänomene

Es lohnt sich, die überaus unterschiedlichen charakteristischen Zeiten der Klimaphänomene im Rahmen des gesamten atmosphärischen Variationsspektrums noch einmal aufzugreifen und näher zu beleuchten, wobei die in Abb. 3 gegebene Zeitskala und eine Reihe von nun schon historischen Begriffen als Orientierung dienen sollen.

Wer mit Meßinstrumenten guter zeitlicher Auflösung beispielsweise die Windgeschwindigkeit oder die Lufttemperatur mißt, stellt fest, daß von einer Sekunde zur anderen und sogar innerhalb von Sekundenbruchteilen Variationen auftreten können, die der Meteorologe *Mikroturbulenz* nennt. Das übliche Quecksilberthermometer reagiert jedoch viel zu träge, um solche Variationen anzuzeigen. Sie sind nur mit besonderen Platindrahtthermometern auf widerstandselektrischem Weg meßbar. Die charakteristische Zeit der Mikroturbulenz liegt somit in der Größenordnung von Sekunden und Sekundenbruchteilen.

Treten an einem Nachmittag flache Schönwetterwolken auf, die nach einigen Stunden wieder verschwinden, so ist dies deren charakteristische Zeit. Relativ kleinräumige Wolken, Gewitter u. ä. werden der *Mesoturbulenz* zugerechnet, die Gegenstand der synoptischen Meteorologie, der sog. Wetterkunde, ist. Die synoptische Meteorologie führt Beobachtungen troposphärischer Größen und Erscheinungen im allgemeinen in stündlichem Abstand durch und erarbeitet daraus mit Hilfe physikalischer und empirischer Methodik Analysen von

Wettersystemen und Prognosen von Wetterauswirkungen dieser Wettersysteme.

Die ebenfalls von der synoptischen Meteorologie betrachteten Tief- und Hochdruckgebiete, Wetterfronten u. a. (Krüger 1994), die eine mittlere Lebensdauer von einigen Tagen haben, gehören zur *Makroturbulenz*. Diese schließt den bei vielen atmosphärischen Größen feststellbaren Tagesgang – z. B. der Lufttemperatur oder der Bewölkung – mit ein. Tiefdruckgebiete, Zwischenhochdruckgebiete und Wetterfronten werden von der großräumigen troposphärischen Strömung gesteuert. Deren Variationen heißen *planetarische Wellen* oder *Zirkulationsschwankungen* und weisen charakteristische Zeiten von Tagen bis Monaten auf. Zirkulationsschwankungen relativ langer Dauer, sog. Witterungsanomalien, bescheren uns z. B. einen besonders kalten Winter oder einen verregneten Sommer.

Der Jahresgang führt uns in den Bereich der Klimaschwankungen. Damit sind zumeist die einige bis viele Jahre umfassenden Variationen gemeint, die z. B. von markanten Gletscherbewegungen begleitet sein können. Flohn (1959) hat dabei kurze und längere Klimaschwankungen unterschieden. Deren charakteristische Zeiten reichen im ersten Fall bis ca. 200 Jahre – was annähernd die Zeitspanne bedeutet, aus der direkte Instrumentenbeobachtungen vorliegen – bzw. im zweiten Fall bis zur Größenordnung der Zeitspanne nach Ende der letzten Eiszeit vor ca. 11 000 Jahren.

Wenn wir bei diesen Definitionen bleiben, so schließen sich an die längeren Klimaschwankungen die Variationen der Eiszeitalter an, deren charakteristische Zeiten bereits Millionen von Jahren erreichen. Geologische Variationen und das Alter der Erde – nach Aslanjan (1977) und anderen Rekonstruktionen ca. 4,6 Milliarden Jahre – stehen am Ende dieses gewaltigen Schwankungsspektrums, das charakteristische Zeiten von Sekundenbruchteilen bis Jahrmilliarden umfaßt. Statistische Analysen (vgl. Kap. 3) zeigen nun, daß die atmosphärischen Größen Variationen in allen charakteristischen Zeiten dieses Spektrums aufweisen, d. h. ohne daß irgend eine charakteristische Zeit nicht in Erscheinung tritt; und das bedeutet *kontinuierlich* bezüglich der Skala der charakteristischen Zeiten.

Die Frage, ab welcher charakteristischen Zeit nun tatsächlich von Klima bzw. Klimaschwankungen geredet werden soll, ist wissenschaftlich nicht entschieden. Dies hängt unter anderem damit zusammen, daß der Begriff Witterung nur in der deutschen Sprache üblich ist. So wird in den angelsächsischen Ländern häufig ein Monat, die theoretische obere Grenze der Vorhersagbarkeit des Wetters (die praktische liegt bei einigen Tagen), als die Grenze zwischen Wetter- und Klimaphänomenen angesehen. Im folgenden soll, dem deutschen Sprachgebrauch folgend, die Beobachtungszeit für Klimaphänomene mindestens mehrjährig sein und seine charakteristische Zeit mit dem Jahresgang beginnen.

Wird über ein willkürlich festgelegtes mehrjähriges Zeitintervall gemittelt – z. B. 30 Jahre oder aber 10000 Jahre (Klima seit Ende der letzten Kaltzeit) – so handelt es sich um einen Klimazustand (»derzeitiges« Klima), auch wenn dies im strengen statistischen Sinn eine Fiktion ist. Alle in diesem Rahmen betrachteten zeitlichen Änderungen heißen Klimaänderungen oder -variationen, was zyklische Variationen, Trends und mehr oder weniger abrupte Änderungen mit einschließt.

Das Klimasystem

Für eine vollständige Definition des Klimas und seiner Schwankungen fehlt aber noch ein sehr wesentlicher Aspekt: Die Atmosphäre der Erde stellt nämlich kein isoliertes physikalisches System dar, sondern ist in intensiver Weise mit anderen Sphären der Erde verbunden.

Da ist zunächst einmal die Hydrosphäre, welche die Wassergebiete der Erde bildet, vor allem die Ozeane (Salzwasser), aber auch die Binnenseen und Wasserläufe (Süßwasser). Die Hydrosphäre liefert beispielsweise durch Verdunstung Wasserdampf an die Atmosphäre; die Atmosphäre führt durch Niederschlag diesen Wasserdampf in flüssiger oder fester Form der Hydrosphäre wieder zu: hydrologischer Kreislauf. Die Windsysteme verursachen Wellen auf dem Meer. Die warmen Meeresströmungen, wie z. B. der Golfstrom, erwärmen die Atmosphäre.

Obgleich sowohl in der Atmosphäre als auch in der Hydrosphäre Systeme von physikalischen Gesetzmäßigkeiten in Kraft sind, die diese Sphären als eigene physikalische Systeme erscheinen lassen, gibt es auch Vorgänge, die zwischen beiden Sphären wechselseitig auftreten, wiederum nach physikalischen Gesetzen. Wegen dieser wechselseitigen Beeinflussung werden solche Vorgänge als Wechselwirkungen bezeichnet.

Zur Atmosphäre und Hydrosphäre kommen nun noch weitere Sphären hinzu: die *Kryosphäre*, welche die Eisgebiete der Erde umfaßt (Land- und Meereis); weiterhin die *Pedosphäre* (Boden) und *Lithosphäre* (Gesteine), wobei der Begriff Lithosphäre in der Geologie die Erdkruste und den äußersten Erdmantel umfaßt, was einer oberflächennahen Schicht der festen Erde von ca. 20 bis 50 Kilometern Mächtigkeit entspricht. Nicht zuletzt ist die *Biosphäre* zu beachten, die von den Lebewesen und besonders der Vegetation der Erde gebildet wird. Manchmal wird die Schneebedeckung der Erde gesondert als *Chionosphäre* bezeichnet, ansonsten der Kryosphäre zugerechnet. Die *Anthroposphäre* (Menschheit) ist Teil der Biosphäre.

Wenn wir von Klima und Klimaänderungen reden, dürfen wir uns wegen der vielen Wechselwirkungen nicht auf die atmosphärischen Vorgänge beschränken. Anders gesagt:

Was bei kurzfristigen Wettervorgängen nur eine untergeordnete oder gar keine Rolle spielt, z. B. Änderungen von Meeresströmungen, großräumiger Eisbedeckung, Vegetationszonen, Kontinentalverschiebungen oder chemische Zusammensetzung der Atmosphäre, ist in der für Klimaschwankungen typischen charakteristischen Zeit von ganz wesentlicher Bedeutung.

In der modernen Klimatologie spricht man daher vom Klimasystem. Es setzt sich aus den genannten Komponenten Atmosphäre, Hydrosphäre, Kryosphäre, Pedosphäre, Lithosphäre und Biosphäre zusammen (Tabelle 2 und Abb. 4). Wechselwirkungen, die zwischen diesen Sphären auftreten, werden als interne Vorgänge im Klimasystem bezeichnet.

Außer diesen internen Wechselwirkungen gibt es aber auch Vorgänge, die nur einseitig, sozusagen von außen, auf das Klimasystem einwirken. Dies sind die

---

Abb. 4. Schematische Übersicht des Klimasystems, wobei die *Doppelpfeile* auf interne Wechselwirkungen und die *äußeren Kästchen* auf sonstige, zum Teil als extern definierte Einflüsse hinweisen. (In Orientierung an US.GARP Committee 1975; verändert und ergänzt).

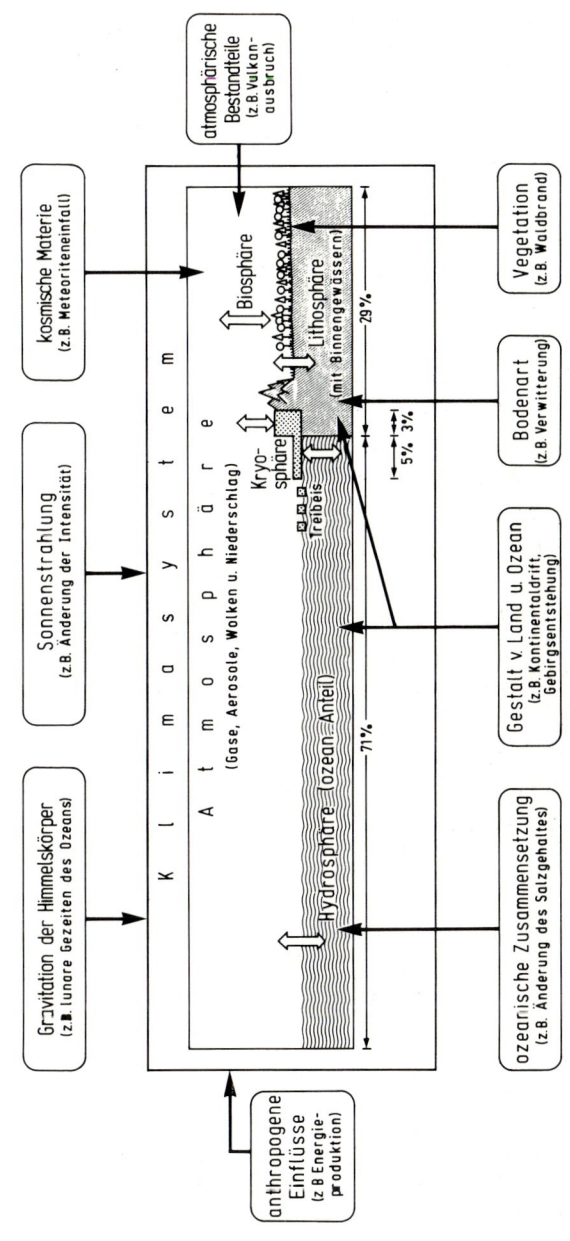

Tabelle 2. Quantitative Übersicht der Komponenten des Klimasystems, Hydrosphäre nur Ozean, Kryosphäre ohne Chionosphäre; Pedo- und Lithosphäre sind unter der Bezeichnung Land (oberster Bereich) zusammengefaßt. (Nach Schönwiese 1994, vereinfacht).

Komponente	Grenzfläche in 10^6 km² / in %	Masse in 10^{18} kg	Dichte in kg m^{-3}	Spezifische Wärmekapazität in J m^{-3} K^{-1}
Atmosphäre	510 / 100 %	5	1,3	1000
Ozean[a]	361 / 70,8 %	1350	1000	3900
Kryosphäre[b]				
Meereis[c]	26 / 5,1 %	0,04	800	2100
Landeis[d]	14,5 / 2,8 %	28	900	2100
Biosphäre	103 / 20,2 %	0,002	100–800[e]	2400
Land, oberster Bereich	149 / 29,2 %	–[f]	2000[g]	800

[a] Ohne Meereis; zur Hydrosphäre gehören darüber hinaus die Süßwassergebiete (ca. $2 \cdot 10^6$ km²).
[b] Ohne Chionosphäre (Schneebedeckung $20 \cdot 10^6$ km²) und ohne Grundeis.
[c] 6,4% der Erdoberfläche, jahreszeitlich aber stark variabel, vgl. auch Tabelle 11.
[d] 9,7% der Landoberfläche.
[e] Der untere Wert gilt für Blätter, der obere für einen Eichenstamm.
[f] Gesamte feste Erde (Geosphäre) $5,98 \cdot 10^{24}$ kg.
[g] Mittelwert für Geosphäre 5517 m^{-3} (= 5,517 g cm^{-3}), für Pedo-/Lithosphäre (Erdkruste) 2600 kg m^{-3}.

externen Einflüsse wie z. B. die Sonnenstrahlung. Die externen Einflüsse können aber durchaus auch terrestrischen Ursprungs sein wie z. B. Vulkanausbrüche. Entscheidend ist, daß es zu keinen Wechselwirkungen kommt, zumindest nicht in der betrachteten charakteristischen Zeit. Obwohl das bei anthropogenen Eingriffen durchaus der Fall ist, werden auch diese meist als externer Einfluß auf das Klimasystem angesehen.

Was sind »Klimaelemente«?

Die Auswahl physikalischer Größen des Klimasystems, die wir zur Betrachtung von Klimaschwankungen verwenden können, ist historisch festgelegt. Aufgrund der großen charakteristischen Zeit kommen nämlich nur solche Größen in Frage, für die seit Jahrhunderten Informationen vorliegen. Es handelt sich dabei um die »klassischen« Klimaelemente der Atmosphäre:

- Lufttemperatur,
- Niederschlagsmenge,
- Luftdruck,
- Wind und Sonnenscheindauer.

Unglücklicherweise fehlen bei diesen Langfristinformationen viele wichtige Größen, insbesondere aus dem Bereich der nichtatmosphärischen Komponenten des Klimasystems und der externen Einflüsse, die für das physikalische Verständnis des Klimas und seiner Schwankungen eigentlich unerläßlich sind, z. B.:

- Verdunstung über Land und Meer,
- Verhalten der Meeresströmungen oder
- extraterrestrische Sonneneinstrahlung.

Glücklicherweise kann ein Teil dieser Informationen, z. B. über die Zusammensetzung der Atmosphäre (Spurengaskonzentrationen, Aerosole) auf den indirekten Wegen der Paläoklimatologie (vgl. Kap. 2) beschafft werden.

Mit oder ohne diese zusätzlichen Informationen wird der Klimakomplex somit in das Verhalten der Klimaelemente aufgeschlüsselt, deren zeitliches Verhalten dann ein Bild der Klimavariationen liefert. Räumlich gesehen ist der Klimabegriff offen und reicht vom »Grenzflächenklima« eines Grashalmes über die Messungen an einer Station (Stations- oder Lokalklima) und Betrachtungen unterschiedlich großer Regionen (z. B. Deutschland, Mitteleuropa, Nordhemisphäre; Regionalklima) bis zum Globalklima. Je großräumiger die Betrachtung ist, um so mehr stellt sich die Frage nach der räumlichen Auflösung der Klimadaten, denn großräumige Betrachtung darf keinesfalls immer mit großräumiger Mittelung gleichgesetzt werden.

Klimadaten sind die Zahlenwerte der Klimaelemente, wobei in beiden Fällen

- zwischen Klima im engeren Sinn (Erscheinungsbild des Klimas, phänomenologische Daten),
- Ursachen (ursächliche Daten, z. B. hinsichtlich der Zusammensetzung der Atmosphäre oder Sonneneinstrahlung) und
- Folgen (in ökologischer und sozioökonomischer Hinsicht; sog. Impaktdaten)

zu unterscheiden ist.

Klimafaktoren sind ursächliche Prozesse bzw. sog. Randbedingungen wie z. B.

- Stationshöhe oder
- geographische Breite oder
- Nähe bzw. Ferne zum Ozean.

Klimaparameter sind Zahlenwerte bzw. Größen, die relativ komplizierte Gegebenheiten und Prozesse in möglichst einfacher Weise quantifizieren, z. B.

- Zonalindex als Intensitätsmaß der westlichen atmosphärischen Strömungskomponente oder
- auch bodennahe Weltmitteltemperatur zur Kennzeichnung eines Klimazustandes.

Was verstehen wir heute unter »Klima«?

Um eine sinnvolle, umfassende und gleichzeitig kurze Definition des Klimas ist in der Vergangenheit sehr gerungen worden. Auch heute treten immer wieder neue Vorschläge hinzu. Eine solche Definition muß berücksichtigen, daß

- ursächlich nicht nur die Atmosphäre, sondern das gesamte Klimasystem einschließlich der externen Einflüsse zu betrachten ist;
- bei der Beschreibung des Klimas primär trotzdem die Atmosphäre im Blickpunkt steht;
- das komplexe Schwankungsverhalten der Größen (Klimaelemente), welche die Vorgänge im Klimasystem kennzeichnen, alle charakteristischen Zeiten oberhalb einer gewissen unteren Schranke umfaßt;
- zur Beschreibung des Klimas statistische Methoden herangezogen werden;
- räumlich gesehen der Klimabegriff offen ist.

Eine Definition, die alle diese Aspekte berücksichtigt, könnte somit wie folgt aussehen (Schönwiese 1994):

> Das terrestrische Klima ist die für einen Standort, eine definierbare Region oder ggf. auch globale statistische Beschreibung der relevanten Klimaelemente, die für eine nicht zu kleine zeitliche Größen-

ordnung die Gegebenheiten und Variationen der Erdatmosphäre hinreichend ausführlich charakterisiert (deskriptiver Aspekt).

Ursächlich ist das Klima eine Folge der physikochemischen Prozesse und Wechselwirkungen im Klimasystem (Atmosphäre-Hydrosphäre-Kryosphäre-Pedosphäre-Lithosphäre-Biosphäre) sowie der externen Einflüsse auf dieses System (ursächlicher Aspekt).

Klimaänderungen sind alle in diesem Rahmen ablaufenden zeitlichen Variationen, gleich welcher zeitlichen Struktur und statistischen Charakteristika, wobei im allgemeinen unterschiedliche räumliche Strukturen der Klimaänderungen auftreten.

Hinsichtlich alternativer Definitionen und spezieller Gesichtspunkte muß hier auf die Literatur verwiesen werden (z. B. Hantel et al. 1987; Blüthgen u. Weischet 1980; Schönwiese 1994).

Zu den Problemkreisen und Aufgaben der Klimatologie zählen aus heutiger Sicht:

- Datenerfassung im gesamten Klimasystem und im Bereich aller möglichen externen Einflüsse.
- Statistische Analyse dieser Daten, um alle Charakteristika des Klimasystems – derzeitiger sowie früherer Klimazustände – zu erfassen, insbesondere die Klimaänderungen.
- Möglichst weitgehende Erklärung des Klimas und seiner Änderungen durch einzelne physikalische Gesetzmäßigkeiten und, soweit dies nicht in geeigneter Weise möglich ist, durch physikalische Näherungsbetrachtungen, die sog. Klimamodelle.
- Untersuchung der Auswirkungen des Klimas und der Klimaänderungen auf alle Komponenten des

Klimasystems einschließlich der Biosphäre sowie auf die wirtschaftliche und soziale Ordnung der Menschheit (Klimaimpakt).

Durch den zuletzt genannten Aspekt sind außer den Ozeanographen, Hydrologen, Glaziologen (Glaziologie: Wissenschaft von der Entstehung des Eises und der Gletscher), Geographen und Biologen auch die Ökonomen und Soziologen an der klimatologischen Problematik beteiligt. Die erstgenannte Aufgabe, die die Datenerfassung betrifft, wird außer von Meteorologen auch von Biologen, Geologen, Hydrologen, Physikern, Chemikern, Geophysikern und Astronomen getragen. Bei der zweiten Aufgabe ist vor allem der Statistiker angesprochen, aber auch der Mathematiker, Meteorologe und Geograph. Die dritte Aufgabe ist derzeit Domäne der Physiker und Meteorologen, obwohl sich auch Astronomen, Geologen, Geophysiker und Geographen damit befassen.

Hier wird klar, daß die Problematik der Klimatologie außergewöhnlich interdisziplinär angelegt ist. Eine dementsprechend weitgehende und enge interdisziplinäre Zusammenarbeit der Wissenschaftler, wie sie dringend zu fordern ist, wird bisher nur teilweise praktiziert. Trotzdem hat die Klimaforschung in den letzten Jahrzehnten gewaltige Fortschritte gemacht, insbesondere in den Bereichen Klimarekonstruktion, Klimamodellierung, regionaler Meßvorhaben satellitengestützter Informationserfassung und daraus resultierende Klimadiagnose.

Zu den zahlreichen und gewichtigen internationalen Aktivitäten gehören das nach der ersten UN-Weltklimakonferenz (Genf, 1979) konzipierte und ständig fortentwickelte Weltklimaprogramm (World Climate Programme, WCP; Zweite UN-Weltklimakonferenz ebenfalls Genf, 1990), das ebenfalls von UN-Gremien getragene Internationale Geosphären-Biosphären-Programm (IGBP, seit 1987), die Statusberichte des UN-IPCC (Intergovernmental Panel on Change), diese insbesondere zur Problematik anthropogener Klimaänderungen (Houghton et al. 1990, 1992), das EG-Umweltforschungsprogramm und unter den nationalen Vorhaben das vom BMFT (Bundesministerium für Forschung und Technologie) getragene Rahmenprogramm der Bundesregierung zur Förderung der Klimaforschung (seit 1982).

2 Klimatologische Informationsquellen

Anfänge physikalischer Meßtechnik

Die sicherste Informationsquelle der Klimatologie ist die direkte Datenerfassung mit Hilfe von Meßgeräten. Dies ist jedoch erst seit relativ kurzer Zeit möglich: Erst im 17. Jahrhundert war die physikalische Meßtechnik so weit entwickelt, daß für die wichtigsten Klimaelemente verläßliche Meßinstrumente zur Verfügung standen. Die entsprechende Epoche, aus der solche Daten zur Verfügung stehen, heißt »neoklimatologisch«.

Im Jahr 1643 gelang es E. Torricelli erstmals den Luftdruck zu messen. Die ältesten heute verfügbaren Barometermessungen stammen aus den Jahren 1649 bis 1651 (Italien, Frankreich und Schweden). Die Erfindung des Flüssigkeitsthermometers geht wahrscheinlich auf Galilei (1611) zurück. Die ersten bekannten und aufgezeichneten Lufttemperaturmessungen erfolgten 1654 bis 1670 gleichzeitig in Florenz und in Pisa durch die Academia del Cimento.

Niederschlagsmessungen mit primitiven Mitteln wurden schon in der Zeit vor Christi Geburt versucht, z. B. in Indien und in Israel. Ab 1535 existieren Niederschlagsangaben aus Chile. Die ersten genaueren Messungen jedoch, zumindest aus dem europäischen Bereich, sind erst für die Jahre 1677 bis 1704 in England (Lancashire) belegt.

Aus der Umgebung von London stammen die ersten festgehaltenen Windbeobachtungen des europäischen Raums; sie gehen auf das Jahr 1670 zurück. Bald darauf (1679 bis 1709) veranlaßte G. W. Leibniz die ersten Windmessungen in Deutschland zusammen mit Messungen des Luftdrucks, der Lufttemperatur und der Luftfeuchte. Druck- und Feuchteangaben ergänzen auch die genannten Temperaturmessungen in Florenz und Pisa. Jedoch sind insbesondere die Feuchtemessungen des 17. bis 19. Jahrhunderts wenig verläßlich, da die Messung der Luftfeuchtigkeit meßtechnisch nicht einfach zu handhaben ist und die damaligen Meßgeräte recht unsichere Werte lieferten.

■ Vieljährige Meßreihen

Für den Klimatologen sind nun aber weniger die ersten sporadischen Messungen von Bedeutung, sondern vielmehr solche Daten, die über viele Jahre hinweg möglichst lückenlos bis heute vorliegen: die vieljährigen Meßreihen oder kurz die langen Reihen. Bei einem Datenumfang von mehr als 100 Jahren spricht man auch von Säkularreihen.

Dazu kommt die Forderung nach möglichst großer Meßgenauigkeit. Bei Lufttemperaturmessungen mit dem Quecksilberthermometer beispielsweise läßt man heute nur eine Toleranz von höchstens 0,1°C zu. Die entsprechenden Meßwerte des 17. Jahrhunderts können dagegen durchaus Meßfehler von 1°C und mehr aufweisen.

Eine weitere wichtige Forderung betrifft die Homogenität der Meßreihen. Damit ist gemeint, daß die erfaßten Variationen rein atmosphärisch-klimatologischer Natur sein sollten und nicht etwa durch Änderungen der Meßgeräte oder bzw. und Verlegungen des Stationsortes aufgeprägt sind. Das Problem, solche aufgeprägten Änderungen durch Datenkorrekturen zu eliminieren (Homogenisierung), ist insbesondere dann schwierig, wenn es sich um allmähliche Änderungen der Stationsgegebenheiten, vor allem durch das Stadtklima, handelt. So ist es nicht verwunderlich, daß sich die Klimatologen bis heute mit inhomogenen Meßreihen herumschlagen bzw. diese Effekte bei der Dateninterpretation berücksichtigen müssen.

Manley (1974) haben wir mit der 1659 beginnenden Lufttemperaturreihe von »Zentral-England« die längste lückenlose und homogene Klimareihe der Erde in Form von Monatsmittelwerten zu verdanken. Diese Reihe bezieht sich nicht auf eine einzelne Meßstation, sondern auf eine Region, und ist durch eine Synthese einzelner Stationsmeßreihen dieser Region zustandegekommen. Eine noch längere Klimareihe aus De Bilt (Niederlande), die bereits 1634 einsetzt, enthält nur die mittleren Wintertemperaturen und basiert außerdem erst ab 1735 auf direkten Messungen (van den Dool et al. 1978).

Wenn wir zu den Klimareihen zurückkehren, die vollständig auf direkten Messungen beruhen, so finden wir die längste Niederschlagsreihe der Erde in Form von Monatssummenwerten wiederum in England: Sie stammt aus Kew bei London und beginnt 1697 (Wales-Smith 1971). Als längste entsprechende Luftdruckreihe werden die 1740 einsetzenden Daten aus De Bilt angesehen. Die längste Windreihe wurde auf dem Hohenpeißenberg ab 1781, die längste Reihe der Sonnenscheindauer wieder in Kew bei London ab 1880 gemessen (nach von Rudloff 1967).

Neben diesen Reihen der klassischen Klimaelemente gibt es einige sehr wertvolle Reihen, die zwar nicht direkt die Klimaelemente betreffen, zum Teil aber ohne wesentliche Lücken sehr weit zurückreichen, z. B. die Registrierungen des Nil-Wasserstandes seit 620 n. Chr. oder die Aufzeichnungen des Beginns der Kirschblüte in Japan seit 812 n. Chr. Diese Aufzeichnungen werden jedoch nicht der Neo-, sondern der historischen Klimatologie zugerechnet.

Beobachtungsnetze

Unerläßlich für die klimatologische Forschung sind aber nicht nur vieljährige, kontinuierliche und homogene Reihen der Klimaelemente, sondern auch deren Registrierung an verschiedenen Orten zu jeweils gleichen Terminen, d. h. deren synoptische Erfassung. Idealforderung der Klimatologie wäre ein engmaschiges globales Beobachtungsnetz, das sich außerdem nicht nur auf die bodennahe Luftschicht beschränken sollte. Die gleiche Forderung erhebt auch die synoptische Meteorologie (vgl. Kap. 1). Trotzdem ist der Aufbau eines weltweiten und lückenlosen dreidimensionalen Meßnetzes bis heute nicht verwirklicht und wird wohl aus Kostengründen nie verwirklicht werden.

Die ersten zunächst national begrenzten Meßnetze der Meteorologie entstanden im 17. Jahrhundert in England (Royal Meteorological Society), Italien (Academia del Cimento) und Frankreich (Société Météorologie de France). Das erste international ausgedehnte Meßnetz geht auf den naturwissenschaftlich interessierten Kurfürsten Karl Theodor von Bayern und Pfalz zurück, der 1780 in Mannheim die berühmte Societas Meteorologica

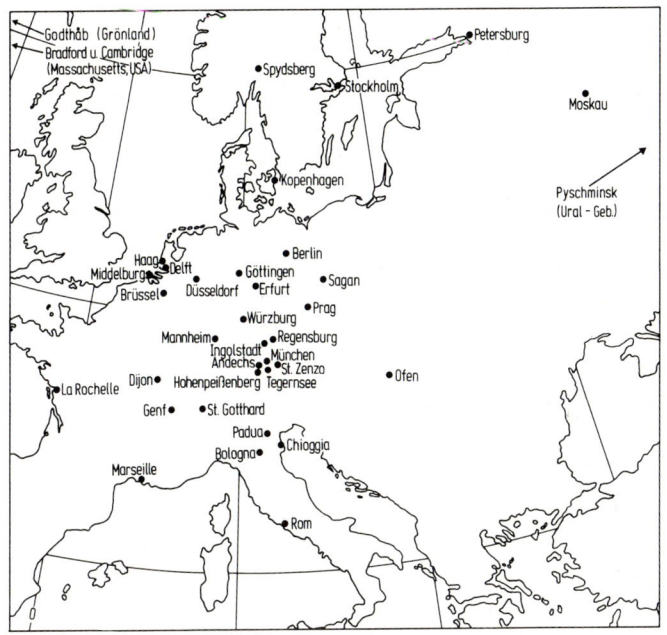

Abb. 5. Stationsnetz der Societas Meteorologica Palatina, wie es 1781 bis 1795 existiert hat. (Nach Faust 1968; verändert).

Palatina (Pfälzische Meteorologische Gesellschaft) gründete.

Einer seiner fähigsten Mitarbeiter war der Hofkaplan und spätere Abt J. Hemmer, auf den die zum Teil noch heute praktizierten Mannheimer Stunden zurückgehen: die Termine 7, 14 und 21 Uhr Ortszeit, aus denen jeweils der Tagesmittelwert abgeschätzt werden kann. Die Messungen der Pfälzischen Meteorologischen Gesellschaft begannen nach einheitlichen Methoden im Jahr 1781, und das synoptische Beobachtungsnetz umfaßte schließlich 39 Stationen (Abb. 5).

Obwohl dieses organisierte Meßnetz nur bis zum Jahr 1795 bestand, wurden einige Reihen lange Zeit in Eigeninitiative, meist von Pfarrern und Lehrern, weitergeführt. Diesem glücklichen Umstand verdanken wir einige Säkularreihen, so z. B. die Reihe der Lufttemperatur und anderer Klimaelemente ab 1781 auf dem Hohenpeißenberg. Gleichzeitig handelt es sich hier um die längsten Registrierungen von Klimaelementen auf einer Bergstation. Andere berühmte Säkularreihen stammen z. B. aus Berlin, Jena, Wien, Basel, Genf, Edinburgh, Kopenhagen, Stockholm, Uppsala, Leningrad, Prag, Warschau, Mailand, Rom, Turin und Paris.

Neue staatliche Impulse zur Errichtung meteorologischer Beobachtungsstationen gab es erst wieder, als 1854 im Krim-Krieg die französische Kriegsflotte durch einen Seesturm bei Sewastopol vernichtet wurde. Es ließ sich nämlich nachweisen, daß bei Übermittlung von Wettermeldungen an eine Zentrale und bei gewissen empirischen Annahmen über die Verlagerung von Wettersystemen eine Vorhersage dieses Sturmes möglich gewesen wäre.

So rief Frankreich im Jahre 1863 den ersten nationalen Wetterdienst ins Leben, der außer der Erhaltung synoptischer Beobachtungsstationen Techniken zur Analyse von Wettersystemen und zur Wettervorhersage entwickeln sollte. Andere Länder folgten rasch, darunter Deutschland 1876 durch die Gründung der »Seewetterwarte« mit angeschlossenem Beobachtungsnetz in Hamburg. Um die Jahrhundertwende bestand in Europa und in geringerem Umfang auch in Nordamerika ein Beobachtungsnetz, aus dem Daten der »klassischen« Klimaelemente verfügbar sind.

Als Pionier der Entwicklung der Radiosonde gilt R. Aßmann, der im Jahr 1901 Gummiballone mit konstanter Aufstiegsgeschwindigkeit in die atmosphärische Meßtechnik einführte. In moderner Ausführung ist die Radiosonde ein Meßgerät, das mit Hilfe eines Ballons in die Troposphäre und Stratosphäre aufsteigt, Meßdaten über Temperatur, Feuchte und Druck zur Bodenstation funkt und mit einem RADAR-Reflektor zur indirekten Windbestimmung ausgestattet ist. (RADAR = »radio detecting and ranging«; ein Ortungssystem, das mit Hilfe elektromagnetischer Wellen einen bestimmten Wellenlängenbereich darstellt.)

Heute befinden sich ca. 9000 Bodenbeobachtungs- und ca. 700 Radiosondenstationen auf der Erde, wobei allerdings große Bereiche der Südhalbkugel, insbesondere über dem Pazifik, nur sehr ungenügend abgedeckt sind. Das von der WMO (Weltmeteorologische Organisation) ins Leben gerufene Welt-Wetter-Wacht- (WWW-) Programm soll die bestehenden Beobachtungslücken schließen.

Dazu gehört auch der Aufbau eines Wettersatellitensystems, der 1960 durch den Start des umlaufenden Wettersatelliten TIROS I begonnen wurde. Nach einer Serie weiterer Satelliten mit unterschiedlicher meteorologischer Ausrichtung gehören weiterhin die seit 1978 gestarteten geostationären europäischen METEOSAT-Satelliten zum globalen Wetterbeobachtungsprogramm. Geostationäre Satelliten haben eine Umlaufbahn, die synchron mit der Erdrotation verläuft. Sie befinden sich daher ständig über dem gleichen Bezugspunkt der Erdoberfläche, was aus physikalischen Gründen übrigens nur über dem Äquator möglich ist. Zur Zeit bildet METEOSAT 5 zusammen mit vier weiteren Satelliten das entsprechende geostationäre Beobachtungssystem.

Historische Klimadaten

Den Weg weiter zurück in die Vergangenheit erlauben zunächst eine Reihe von historischen Informationsquellen, und zwar:

- Höhlenmalereien, Zeichnungen und Gemälde, die Rückschlüsse auf die Biosphäre (z. B. Tiere in heutigen Wüsten), Gletscherausdehnungen u. a. zulassen;
- Mythen, Sagen und Legenden (z. B. über die Besiedelung Grönlands, eigentlich »das grüne Land«, im Jahr 982 n. Chr. bei einem offensichtlich sehr warmen Klima);
- Inschriften und Markierungen (z. B. Hochwassermarken an Flüssen);
- Annalen, Chroniken und andere Aufzeichnungen der öffentlichen Verwaltung (z. B. über das Zufrieren von Seen, Getreidepreise und Weinqualität);
- wissenschaftliche und private Aufzeichnungen, insbesondere die in Tabelle 3 in Auswahl zusammengestellten Witterungsaufzeichnungen.

Während die Witterungsaufzeichnungen direkte Informationsquellen sind, erlauben die meisten anderen Quellen nur indirekte Rückschlüsse auf das Klima und seine Variationen. Aber auch die direkten Quellen sind schwer zu deuten, weil sie keine Meßdaten, sondern nur verbale Aussagen beinhalten. Bei der Umsetzung in quantitative Daten hat für das Gebiet der Schweiz (Klimageschichte seit 1525) der Klimahistoriker C. Pfister (1984) Pionierarbeit geleistet. Bezüglich aller Details, wozu auch die Beobachtung des Kirschblütenbeginns in Japan seit 812 n. Chr., die isländische Küstenvereisung (seit 850 n. Chr.) oder das Zufrieren des Suwa-Sees (Japan, seit 1444)

Tabelle 3. Auswahl historischer Witterungsaufzeichnungen. (Nach von Rudloff 1967; vereinfacht).

Zeitintervall	Ort	Autor
127– 151 n. Chr.	Alexandria	C. Ptolemäus
1337–1344	England	W. Merle
1513–1531	Rebdorf (b. Eichstätt)	K. Leib
1545–1576	Zürich	W. Haller
1582–1597	Insel Havn im Sund	T. de Brahe
1617–1626	Linz	J. Kepler
1621–1650	Kassel	Landgraf Hermann v. Hessen
1652–1658[a]	Langheim (b. Lichtenfels)	M. Knauer

[a] Die irrige Meinung, das Wetter würde sich alle sieben Jahre gemäß dieser Aufzeichnungen exakt wiederholen, bildet die Grundlage des sog. hundertjährigen Kalenders.

und des Bodensees (seit 875 n. Chr., lückenlos seit ca. 1400; Schmidt 1967) muß auf die Literatur verwiesen werden (Lamb 1972, 1977, 1989; Wigley et al. 1981).

Wie tragfähig die Brücke zwischen Neo- und Paläoklimatologie wirklich ist, die durch historische Klimadaten gebildet wird, ist von Fall zu Fall entscheiden. Der Aberglaube, die 1652 bis 1658 in Langheim bei Lichtenfels (Nordostbayern; vgl. Tabelle 3) festgehaltenen Witterungsbedingungen würden sich in diesem 7-Jahres-Zyklus immer wieder exakt wiederholen und auch noch für ganz Deutschland repräsentativ sein, der sog. »hundertjährige Kalender«, stellt sicherlich einen groben Mißbrauch der historischen Klimatologie dar. Dagegen verhilft eine sorgfältige Nutzung der historischen Klimadaten zu wertvollen Mosaiksteinen der Klimageschichte und läßt darüber hinaus auch Rückschlüsse auf die biosphärischen und sozioökonomischen Auswirkungen der Klimaänderungen zu. Die Phänologie, d. h. die Beobachtung von typischen Entwicklungsphasen von Kultur- und Naturpflanzen innerhalb des Jahresganges (wie Blattentfaltung, Blühbeginn, Laubverfärbung usw.) hat, vergleichbar dem Wetterbeobachtungsnetz, zur Einrichtung phänologischer Gärten in Europa geführt, die nun auch schon die Auswertung einiger langer Beobachtungsreihen zulassen (van Eimern u. Häckel 1979; Freitag 1965; Hantel 1989).

Paläoklimatische Informationsquellen

Einen bedeutsamen Gewinn an Information, der nicht hoch genug eingeschätzt werden kann, erbrachte die indirekte Datenerfassung mit Hilfe der Paläoklimatologie, insbesondere was die zum Teil hochtechnischen Methoden der jüngeren Zeit betrifft. Wenigstens in den Grundzügen sollten wir diese Informationsquelle kennenlernen. In Tabelle 4 sind die unterschiedlichen Methoden mit ihren zeitlichen Reichweiten zusammengefaßt.

Eine der genauesten Methoden der paläoklimatologischen Datenerfassung beruht auf einer Entdeckung von Urey (1951), daß das Verhältnis der Sauerstoffisotope mit den Massenzahlen 18 und 16 temperaturabhängig ist. Isotope sind Angehörige des gleichen chemischen Elementes, die jedoch ein unterschiedliches spezifisches Gewicht aufweisen. Dieses Gewicht ist durch die Anzahl der Bausteine im Atomkern festgelegt, die in der Atomphysik Massenzahl heißt. Urey beschrieb seine Entdeckung mit den Worten: »I suddenly found myself with a geological thermometer in my hands«. (Ich sah mich plötzlich mit einem geologischen Thermometer in meinen Händen).

Tabelle 4. Übersicht der paläoklimatologischen Datenerfassung; a = Jahr. (Nach Hartmann 1994; US GARP Comm. 1975; Schwarzbach 1974).

Informationsquelle	Betrachtete Phänomene	Potentiell erfaßbare Regionen	Rekonstruierbare Klimaelemente	Maximales Zeitintervall	Minimale Auflösung	Kontinuität
Bändertone (Warwen)[a]	Sedimentation	Kontinente, soweit glazial beeinflußt	Sommertemperatur (Niederschlag)	$5 \cdot 10^3$a	1a	ja, aber nur zeitweise
Gebirgsgletscher	Schichtung, Isotopenverhältnisse, Partikeldeposition, Gaseinschlüsse	Kontinente, vergletscherte Gebirgsregionen	Temperatur (über O-Isotope), Niederschlag; Vulkantätigkeit, Gaskonzentrationen (insbes. CO_2, CH_4) u. a.	10^2–10^4a	1–10a	ja
Baumringe	Jahreszuwachs, (Ringbreite), Dichte, Isotopenverhältnisse	Kontinente, jahreszeitlich wechselnde Vegetation (mittl. u. boreale Breiten)	Komplex aus Temperatur, Bodenfeuchte u. a.; Sonnenaktivität (über ^{14}C)	10^4a; bei foss. Holz ggf. länger	1a	ja; fossiles Holz episodisch
Geschlossene Seebecken	Merkmale für Seespiegelhöhe	Kontinente mittlerer und subtropischer Breiten	Verdunstung (Temperatur, Niederschlag)	10^4–$5 \cdot 10^4$a	1–100a	nein
Inlandeise (polare Eisschilde)	wie bei Gebirgsgletschern	Antarktis, Grönland	wie bei Gebirgsgletschern	$2 \cdot 10^5$a	1–10a[c]	ja
Fossile Pflanzenpollen	Häufigkeit der Pollenarten	Kontinente der außerpolaren Breiten	Komplex aus Temperatur, Bodenfeuchte u. a.; Wind	10^4–$2 \cdot 10^5$a	100–200a	ja

[a] Als Sedimente von Gletscherabflüssen.
[b] Letzteres nur bei sehr langsamer Sedimentation (ca. < 2 cm/1000a).
[c] Für die Zeit ca. > 1000a wesentlich gröber.
[d] In extremen Fällen bis zu $3{,}8 \cdot 10^9$a (Maximalalter von Sedimenten als Träger entsprechender Klimaindizien).

Tabelle 4. (Fortsetzung).

Informationsquelle	Betrachtete Phänomene	Potentiell erfaßbare Regionen	Rekonstruierbare Klimaelemente	Maximales Zeitintervall	Minimale Auflösung	Kontinuität
Küstenlinien der Ozeane	Küstenmerkmale, Riffe u. ä. als Indizien d. Meeresspiegelhöhe	Weltozean (eustatisch stabile Regionen)	Volumen der Kontinentalvereisung (Temperatur)	$4 \cdot 10^5$a	–	nein
Fossile Böden und Schotter	Bodenarten und Schotter in der Sedimentation (Horizonte)	Kontinente außerpolarer Regionen	Grobaussagen zu Temperatur und Niederschlag	$10^6 - 5 \cdot 10^6$a	100–200a	ja, aber nur grob
Ozeanische Sedimente	Isotopenverhältnisse, Art und Geschwindigkeit der Sedimentation, Beimengungen	Weltozean im Fall hinreichend regelmäßiger Sedimentation des Meeresbodens	Temperatur (der Meeresoberfläche, über O-Isotope, kalkbildender Organismen), Salzgehalt (Wind); Meereisbedeckung	$10^5 - 10^7$a [b]	500–1000a	ja
Besondere mineralogisch-petrographische Phänomene	Vorkommen von Mineralien und anderen Bodenschätzen	global, heutige Kontinente	Grobaussagen über rel. kaltes/warmes sowie humides/arides Klima (Temperatur, Niederschlag)	$10^6 - 10^9$a	–	nein
Besondere geomorphologische Phänomene	Moränen, Schliffe und andere Zeugen für Gletscherexistenz und Gletscherbewegung	global, heutige Kontinente	Grobaussagen zur Existenz von Gletschern (Temperatur)	$10^4 - 4 \cdot 10^9$a [d]	–	nein

[a] Als Sedimente von Gletscherabflüssen.
[b] Letzteres nur bei sehr langsamer Sedimentation (ca. < 2 cm/1000a).
[c] Für die Zeit ca. > 1000a wesentlich gröber.
[d] In extremen Fällen bis zu $3{,}8 \cdot 10^9$a (Maximalalter von Sedimenten als Träger entsprechender Klimaindizien).

Die massenspektrometrische Untersuchung sauerstoffhaltiger Substanzen auf ihren Isotopengehalt hin, im folgenden Sauerstoffisotopenmethode genannt, hat eine gewaltige Erweiterung klimatologischer Temperaturreihen ermöglicht: von einigen Jahrhunderten zu einigen Jahrmillionen. Das ist etwa so, als ob jemand den Gang der Ereignisse statt einer Sekunde – entsprechend 200jährigen Säkularreihen – plötzlich ein Jahr lang – entsprechend 60 Millionen Jahren (Tabelle 4) überschauen könnte.

Ohne auf die technischen Einzelheiten einzugehen, sollten wir uns doch das Prinzip dieser Methode klar machen: Wenn es gelingt, sauerstoffhaltige Substanzen, die in vergangenen Zeiten entstanden sind, möglichst kontinuierlich bis heute zu erfassen, sind Temperaturaussagen über das Klima dieser Zeitspanne möglich. Man muß dann erstens den Sauerstoffgehalt dieser Substanzen nach den Isotopen aufschlüsseln, d. h. die eben beschriebene Sauerstoffisotopenmethode anwenden, und zweitens das genaue Alter dieser Substanzen bestimmen.

Es zeigt sich, daß derartige Analysen vor allem bei geschichteten polaren Eisablagerungen und bei Sedimenten der heutigen sowie früherer Meeresböden mit Erfolg angewendet werden können. Wie wir noch sehen werden, hat sich nämlich das Gesicht der Erde im Laufe der Erdgeschichte sehr geändert: Kontinente sind gedriftet, Meere sind entstanden und wieder verschwunden.

Eisablagerungen

Polare Eisablagerungen kommen dadurch zustande, daß der in den Polargebieten das ganze Jahr über als Schnee fallende Niederschlag liegen bleibt, vom Schnee des Folgejahres überdeckt wird usw. Im Laufe der Zeit werden die tieferen und älteren Schichten von den darüber liegenden jüngeren Schichten zu Eis komprimiert. Nach Zehntausenden von Jahren können mehrere Kilometer dicke Eisschichten, die »Eisschilde«, entstehen, wie wir sie heute nur noch in Grönland und der Antarktis vorfinden. Am Grund dieser Eisschilde wird ein Alter von bis zu ca. 500000 Jahren (Antarktis) bzw. 150000 Jahren (Grönland) erreicht; allerdings ist wegen der starken Komprimierung die zeitliche Auflösung längst nicht so gut wie für den oberen Bereich. Das »Greenland Ice Core Project« (GRIP) hat 1993 zum Durchbohren des gesamten Eisschildes von 3029 m Dicke an zwei nahe beieinanderliegenden Stellen an der Station »Summit« (im Zentrum) zu wichtigen Erkenntnissen geführt (näheres Kap. 4).

▰ Ablagerungen auf dem Meeresgrund

In ähnlicher Weise bilden sich auch auf dem Meeresgrund von Jahr zu Jahr Ablagerungen, zunächst als Schlamm; nach Jahrhunderttausenden und Jahrmillionen sind die unteren und älteren Schichten allmählich zu bestimmten Bodenarten und Gesteinen geworden: den Sedimenten heutiger und früherer Meeresböden.

Bei der Sauerstoffisotopenanalyse werden nun Bohrungen vorgenommen und die Eis- bzw. Sedimentproben der übereinanderliegenden Schichten untersucht. Dabei ist im ersten Fall der im Eis (H_2O) gebundene Sauerstoff das Ziel der Untersuchung; im zweiten Fall geht es um die in den Sedimenten abgelagerten kalkbildenden ($CaCO_3$) Kleinorganismen, da sie ebenfalls Sauerstoff enthalten. Die geschilderte quantitative Aufschlüsselung der Sauerstoff- und anderer Isotope mittels Massenspektrometer führt zu den gewünschten Temperaturabschätzungen.

Bei der zeitlichen Zuordnung der Eis- bzw. Sedimentschichten kann man zunächst davon ausgehen, daß diese Schichten um so älter sind, je tiefer sie vorgefunden werden. Im Fall der Eisbohrungen, die im übrigen auch Informationen über den Niederschlag (in Form der Akkumulationsrate), bestimmte atmosphärische Gaskonzentrationen (insbesondere CO_2 und CH_4 über im Eis konservierte fossile Gasblasen; Oeschger 1980) und Vulkanausbrüche (entsprechende Partikelablagerungen) enthalten, können im oberen Bereich sogar die Jahresschichten abgezählt werden. Ansonsten müssen Modellvorstellungen über die Sedimentationsrate bzw. Fließbewegung des Eises weiterhelfen.

Magnetisierbare Gesteine

Enthalten die Sedimente der heutigen oder früheren Meeresböden bestimmte magnetisierbare Gesteine, so gibt es ein weiteres Hilfsmittel bei der Altersbestimmung. Das Erdmagnetfeld ändert nämlich in gewissen unregelmäßigen Zeitintervallen seine Richtung. Diese Richtung oder Polarität stellt sich auch in diesen Gesteinen zur Zeit ihrer Bildung ein und verharrt in diesem Zustand unabhängig von späteren Umpolungen des Erdmagnetfeldes, wie sie sich aus Gesteinsanalysen ergeben hat. Ohne daß wir die Art dieser Analysen hier erklären, ist für uns folgendes wichtig: Man unterscheidet sog. Polaritätsepochen, die relativ große Zeitspannen umfassen, und sog. Polaritätsereignisse innerhalb relativ kurzer Zeitspannen (Tabelle 5). Mit Hilfe solcher Kenntnisse über die Polaritätsgeschichte des Erdmagnetfeldes lassen sich die Sedimentproben heutiger und früherer Meeresböden, sofern sie geeignete Gesteine enthalten, chronologisch einordnen.

Tabelle 5. Übersicht der Polaritätsepochen und Polaritätsereignisse des Erdmagnetfeldes in den letzten rund 4,5 Millionen Jahren. N sog. normale Polarität, wie sie heute vorliegt, R reverse, d.h. umgekehrte Polarität. (Nach Lamb 1977; Maenaka et al. 1977; u.a. kombiniert und verändert).

Polaritäts-epoche	Zeitspanne in Mill. Jahren vh[a]	Polaritäts-ereignis	Zeitspanne in Mill. Jahren vh[a]
Bruñhes (N)	0–0,69	Stärnö (R)	um 850 v. Chr.[b]
		Laschamp (R)	um 8000 v. Chr.[b]
Matuyama (R)	0,69–2,43	Jaramillo (N)	0,89–0,95
		Gilsà II (N)	1,61–1,63
		Gilsà I (N)	1,64–1,79
		Olduvai II (N)	1,95–1,98
		Olduvai I (N)	2,11–2,13
Gauss (N)	2,43–3,32	Kaena (R)	2,74–2,86
		Mammoth (R)	2,94–3,06
Gilbert (R)	3,32–4,55	Cochiti (N)	3,70–3,92
		Nunivak (N)	4,05–4,15

[a] Vor heute.
[b] Hier Jahreszahl.

Radioaktive Substanzen

Schließlich helfen noch die Zerfallsgesetze radioaktiver Substanzen bei der Altersbestimmung. Am bekanntesten ist die Methode, die sich auf den radioaktiven Zerfall von Kohlenstoff mit der Massenzahl 14 abstützt (C^{14}-Methode). Alle Organismen enthalten Kohlenstoff und können somit für derartige Altersbestimmungen herangezogen werden. Die Kohlenstoffmethode ist von Libby (1954) entwickelt worden. Ein bedeutender Nachteil besteht jedoch darin, daß diese Methode bei gewissen Ansprüchen an die Genauigkeit nur ca. 5000 bis 6000

Jahre in die Vergangenheit zurückführt. Altersbestimmungen mit Hilfe anderer radioaktiver Substanzen, z. B. Thorium der Massenzahl 230 (Ionium), sind nicht immer möglich, auch wenn sie Rückschlüsse bis ca. 50000 Jahre zurück gestatten. Daher muß in vielen Fällen, insbesondere, wenn Zeitspannen von mehreren Millionen Jahren in Frage kommen, auf Altersbestimmungen mit Hilfe radioaktiver Substanzen verzichtet und wieder auf Sedimentationsmodelle zurückgegriffen werden. Die Temperaturrekonstruktionen mit Hilfe von Tiefseesedimentbohrkernen erreichen ein Alter von maximal 50–100 Millionen Jahren.

Baumringjahresbreiten

Unübertroffen bezüglich der Genauigkeit der zeitlichen Zuordnung sind die Baumringreihen, wenn wir bei den Methoden der paläoklimatologischen Datenerfassung bleiben. Diese Genauigkeit ist dadurch erreichbar, daß sich sog. Standardkurven von Baumringjahresbreiten aufstellen lassen. Es hat sich nämlich gezeigt, daß sich in bestimmten geographischen Regionen von Baum zu Baum im jeweils gleichen Jahr sehr ähnliche Jahresringbreiten messen lassen. Durch zeitliche Aneinanderreihung kommt man zu einer kontinuierlichen und für die jeweilige Region typischen Reihe solcher Jahresringbreiten. Derartige Reihen werden mit Werten von jüngeren Bäumen begonnen; beim Gang in die Vergangenheit lassen sich dann auch Balken auswerten, die von älteren Bäumen stammen. Die zeitliche Zuordnung der Ringbreitenwerte gelingt auf das Jahr genau. Die Wissenschaft, die sich mit derartigen Analysen befaßt, ist die Dendrochronologie.

Der Schluß von Baumringjahresbreiten auf Klimaelemente ist jedoch sehr problematisch, da einerseits die Ringbreite von vielen klimatologischen Faktoren abhängt, andererseits diese Abhängigkeit nur während der Vegetationsperiode ausgeprägt ist. Die Aussage von Pokorny (1867), die Bäume seien wahre meteorologische Jahrbücher, ist daher sehr optimistisch. Dennoch ist es gelungen, insbesondere in klimatischen Grenzzonen, z. B. die mittlere Sommertemperatur, die winterliche Frostdauer, die Niederschlagsspeicherung im Boden u. a. zu erkennen und zur Rekonstruktion des Paläoklimas heranzuziehen. Der dadurch erfaßbare Zeitraum ist sehr unterschiedlich, maximal bis ca. 10000 Jahre. Der Sequoia-Baum, der ein Alter von mehreren tausend Jahren erreichen kann und dann einen besonders großen Stammumfang aufweist, ist dafür ein klassisches Einzelbeispiel. Die mitteleuropäische Eichenchronologie ist ein ebensolches Beispiel für das »Zusammenhängen« von Bauminformationen (Frenzel 1967; Fritts 1962). Neuerdings sind zu solchen Methoden noch Holzdichte- (Schweingruber 1983) und Isotopenbestimmungen getreten, die noch bessere Rekonstruktionen zulassen.

Gletscherablagerungen

Gletscherabflüsse können zu typischen Sedimentationen führen, wenn sie im Herbst und Winter relativ tonreiche dunkle Schichten und bei stärkerer Wasserführung im Frühling und Sommer sandreichere, hellere Schichten ablagern. Die Doppelschicht eines Jahres heißt *Warwe*, das gesamte auf der Ablagerung durch viele Jahre hindurch beruhende Sediment *Bänderton*. Aus der Ausprägung der sandreicheren Schichten läßt sich auf die Schmelzwasserführung und daher indirekt auf die Temperatur schließen. Bändertone haben sich nur in bestimmten Ablagerungsbecken und vorwiegend während sehr kalter Abschnitte der Klimageschichte (sog. Eiszeiten) gebildet. Sie können Zeiträume bis zu einigen tausend Jahren umfassen, liegen jedoch selten kontinuierlich bis zum heutigen Zeitpunkt vor.

Mineralogische Untersuchungen

Weiterhin befaßt sich die Paläoklimatologie auch mit Analysen von Bodentypen, sog. fossile Böden, sowie von besonderen mineralogischen Bildungen. Jedoch können die Bodentypen lediglich Zeugen für relativ warmes oder kaltes bzw. relativ feuchtes oder trockenes Klima sein. Die Altersbestimmungen sind häufig problematisch. Als Bodentypen finden sich in polaren Zonen vorwiegend Rohboden und Ranker, in gemäßigten Breiten Eisenpodsol und Braunerde, in den Subtropen und Tropen dagegen Lehmboden. Braunlehm liefert einen Hinweis auf feuchtes Klima, Rotlehm (eisenoxid- oder laterithaltig) auf trockenes Klima. Im warmen Klima herrscht die sog. allitische Verwitterung vor; dies bedeutet Anreicherung von Aluminiumoxid und Eisenoxid. Im kalten Klima kommt es dagegen zur sog. siallitischen Verwitterung; dies bedeutet eine Anreicherung von Siliziumoxid. Der Quarzgehalt von Flußschotter liefert Anhaltspunkte für dessen Bildungstemperatur. Ablagerungen von Salz, Kupfer, Silber, Zink u. a. weisen auf trockenes Klima hin, Ablagerungen von Kaolin, Erz u. a. dagegen auf feuchtes. Im warmen Klima kommt es zur Bildung von Salz, Kalk, Bauxit, Magnesit, Nickelsilikaten u. a., im kühlen Klima zur Ablagerung von Schotter, Erzblöcken, Kupfer, Löß u. a. (Schwarzbach 1974). In einigen Regionen wie z. B. dem Voralpengebiet lassen sich vertikal aufeinanderla-

Abb. 6. Beispiel eines Bodenprofils aus dem Salzach-Gebiet (bei Palling, Oberbayern). Unter der obersten Humusschicht folgt zunächst eine Schotter-, darunter eine Lehm- und darunter wieder eine Schotterschicht. Aus dieser Konstellation der Sedimente läßt sich folgern, daß in der Vergangenheit zwei relativ kalte Klimaepochen, unterbrochen von einer wärmeren Klimaepoche geherrscht haben müssen. (Nach Ebers 1957).

gernde Schichten von fossilen Böden und Schotterhorizonten feststellen (Abb. 6). Diese Schotterhorizonte sind durch Gletscherbewegungen und somit kaltes Klima verursacht worden, während zur Bodenbildung ein wärmeres Klima erforderlich ist.

Pollenanalysen

Manchmal lassen sich die Informationen über Bodentypen mit Pollenanalysen verbinden. Bei der Pollenanalyse werden Bodenproben auf ihren relativen Gehalt an Baum- und anderen Pollen hin untersucht. Eine wei-

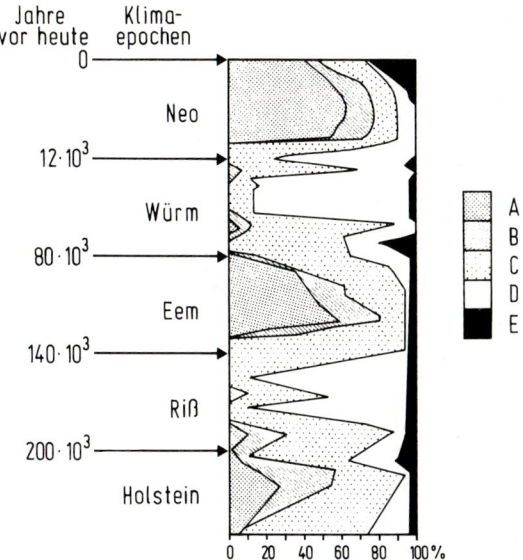

Abb. 7. Beispiel eines Pollenspektrums mit Zuordnung einer Zeitskala und Angabe der entsprechenden Klimaepochen. Neo, Eem und Holstein sind Warmzeiten, Würm und Riß Kaltzeiten des noch zu besprechenden Quartären Eiszeitalters. Im rechten Teil der Abbildung, dem eigentlichen Spektrum, bedeuten: A Laubbäume warmer Standorte wie Buche, Eiche, Kastanie u.a.; B Gewächse feuchter Standorte wie Erle, Walnuß u.a.; C Nadelgewächse; D Heidekrautgewächse; E Gräser und Kräuter. (Nach Frenzel 1967, vereinfacht und umgezeichnet).

tergehende Analyse bestimmt auch den relativen Pollengehalt einzelner Pflanzenarten. Dies ist deswegen möglich, weil sich die mikroskopisch kleinen Pollen der einzelnen Arten aufgrund ihrer charakteristischen Gestalt gut voneinander unterscheiden lassen. Die quantitative Aufschlüsselung der in den Bodenproben enthaltenen Pollenarten liefert ein Pollenspektrum (Abb. 7). Durch Vergleich der Pollenspektra bekannter Klimabedingungen lassen sich Rückschlüsse auf Temperatur und Niederschlag ziehen. Bei der Altersbestimmung werden wiederum die Methoden angewendet, die bereits in Zusammenhang mit den Bohrkernen erläutert wurden.

Untersuchungen der Erdoberflächenformen und ihre Entstehung

Schließlich sei noch auf eine letzte Methode der paläoklimatologischen Datenerfassung hingewiesen, die Geomorphologie. Die allgemeine Geomorphologie untersucht die Oberflächenformen der Erde und deren Entstehung. Im paläoklimatologischen Zusammenhang kann z. B. versucht werden, mit Hilfe geomorphologischer Methoden Regionen ehemaliger Vergletscherung abzugrenzen. Dadurch sind aber kaum quantifizierbare Aussagen zu erhalten, sondern lediglich Indizien für gewisse Annahmen. So sind bei den Zeugen für ehemalige Vergletscherung – Moränen, Gletscherschrammen, Gletscherschliffe, Schotterebenen, U-förmige Täler u. a. – zwar häufig Altersbestimmungen möglich, zur Abschätzung zeitlicher Abläufe von Klimaschwankungen kann man auf diese Weise aber kaum gelangen.

Auch die Schneegrenze, der Dauerfrostboden und Küstenlinien von Meer und Binnenseen hinterlassen morphologische Spuren. Aus den Küstenlinien des Meeres läßt sich das globale Eisreservoir abschätzen und auf diese Weise das jeweilige Klima thermisch kennzeichnen. Dagegen ist die Spiegelhöhe der Binnenseen sowohl von Temperatur (über die Verdunstung) als auch vom Niederschlag (über die Zuflüsse) abhängig.

Grundsätzlich gilt für alle indirekten Methoden, vielleicht mit Ausnahme der Eis- und Tiefseebohrkerne nach der Sauerstoffisotopenmethode, daß sie aufgrund der geringen quantitativen Aussagekraft über die Klimaelemente, aber auch wegen der problematischen zeitlichen Zuordnung kombiniert werden müssen, um verläßlich zu sein. Den durch direkte Messung gewonnenen langen Reihen sind sie in jedem Fall unterlegen. Andererseits ist es aber auch erstaunlich, was sich mit paläoklimatologischen Methoden, wenn sie gleichsinnige Aussagen liefern, alles erschließen läßt, und mit weiteren Fortschritten dieser überwiegend geologisch-glaziologisch-biologisch ausgerichteten Wissenschaft ist zu rechnen (vgl. Tabelle 4).

3 Statistisch-klimatologische Methodik

Mit welchen Methoden analysiert man Klimadaten?

Der Klimabegriff, wie er in Kap. 1 definiert wurde, enthält sehr wesentlich und fundamental statistische Aspekte: »Das terrestrische Klima ist die ... statistische Beschreibung der relevanten Klimaelemente ...« (vgl. S. 23). Obwohl dies zunächst für den beschreibenden Teil der Klimadefinition gilt, kommen durchaus auch bei der ursächlichen Betrachtung statistische Methoden ins Spiel. Es ist daher angebracht, zumindest in einer Übersicht die statistische Vorgehensweise zu umreißen, zumal sie bei der Vorstellung der Klimageschichte (vgl. Kap. 4) zum Tragen kommen wird.

Statistik bedeutet Beschreibung und Beurteilung von Daten, in diesem Fall von Klimadaten, auf mathematischem Weg, um in Zusammenfassung dieser Daten charakteristische Gegebenheiten und Zusammenhänge zu erfassen. Dabei spielt, im Gegensatz zur reinen Empirik, die möglichst definitiv anzugebene Wahrscheinlichkeit der statistischen Aussagen eine wichtige Rolle. Außerdem ist prinzipiell zwischen einer Stichprobe, d. h. einem zwar mehr oder weniger willkürlich gewählten aber zugänglichem Datenkollektiv, und der Grundgesamtheit (auch

Population genannt) zu unterscheiden, die alle möglichen Daten aus der Realisation eines bestimmten Prozesses enthält und daher häufig nicht real zugänglich ist. Im einzelnen umfaßt die statistische Methodik (Schönwiese 1992):

- Beschreibung von Stichproben (z. B. Kollektive vorliegender Klimadaten),
- Theorie und Anpassung von Häufigkeitsverteilungen bzw. Wahrscheinlichkeitsdichtefunktionen,
- Schätztheorie,
- Testtheorie,
- Analyse von mutmaßlichen Zusammenhängen (Korrelation und Regression, orthogonale Methoden, neuronale Netze usw.) sowie
- spezielle Methoden, wobei klimatologisch insbesondere die Zeitreihenanalyse von Bedeutung ist.

Stichprobenbeschreibung

Die wichtigsten Methoden der Stichprobenbeschreibung beinhalten die Errechnung von Mittelungsmaßen wie z. B. dem arithmetischen Mittelwert

$$\bar{a} = \frac{1}{n} \sum a_i$$

(mit a_i = Klimadaten, n = Anzahl der Daten und Summierung über i = 1,2, ..., n), von Variationsmaßen wie z. B. der Varianz

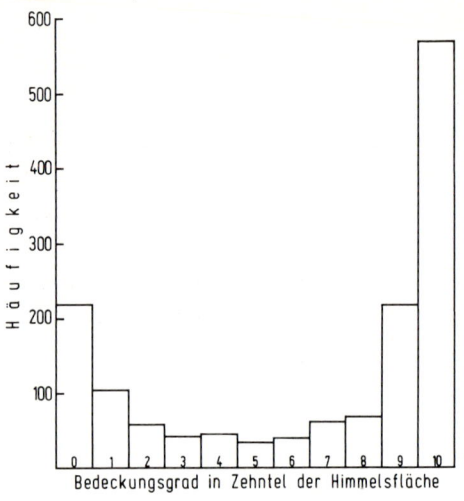

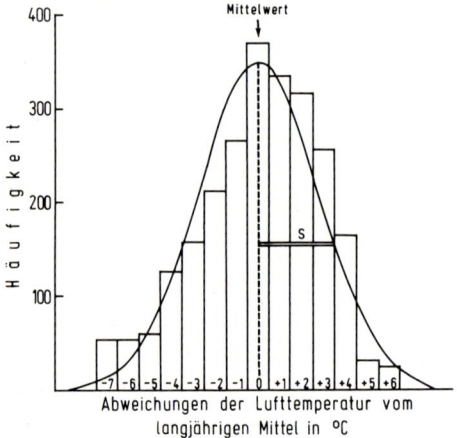

Abb. 8. Beispiel für Häufigkeitsverteilungen. *Links* Bedeckungsgrad der Bewölkung in Zehntel der Himmelsfläche für das Jahr 1953 in Potsdam (vier Beobachtungen täglich, Kollektivumfang 5840 Daten); *rechts* Abweichungen der Monatsmittelwerte der Lufttemperatur Mitteleuropas 1761 bis 1960 vom langjährigen Mittelwert (Kollektivumfang 2500 Daten). Während links eine sog. U-Verteilung vorliegt, kann der rechts dargestellten Häufig-

$$s^2 = \frac{1}{n-1} \sum (a_i - \bar{a})^2$$

(s = Standardabweichung) und der Häufigkeitsverteilung (Abb. 8). Dabei bedeutet Häufigkeit die Feststellung der Tatsache, wie oft bestimmte Zahlenwerte bzw. Zahlenwertbereiche (sog. Klassen) im Datenkollektiv vertreten sind. Auch die spektrale Varianzanalyse und Zeitreihenfilterung, wie sie später im Rahmen der Zeitreihenanalyse besprochen werden, und diverse hier nicht genannte Methoden gehören zur Stichprobenbeschreibung.

▪ Verteilungstheorie

Wie die Abb. 8 zeigt, können Häufigkeitsverteilungen eine sehr unterschiedliche Form aufweisen. Um in diese Vielfalt eine gewisse Ordnung zu bringen und gleichzeitig den Weg in Richtung Grundgesamtheit einzuschlagen, sind in der Statistik eine Reihe von theoretischen Häufigkeitsverteilungen entwickelt worden, von denen die sog. Normalverteilung (nach C.F. Gauß, 1777–1855) am bekanntesten ist. Sie hat die Form einer symmetrischen Glockenkurve. Wird sie einer dafür geeigneten Stichprobe angepaßt, wie das in Abb. 8 im rechten Bildteil geschehen ist, so verschwinden die vermutlichen »Unregelmäßigkeiten«, d. h. vermutlich zufällig bedingten Abweichungen von dieser Idealform, wie sie den einzelnen Stichproben eigen sind. Wie die Abb. 8 auch zeigt, taucht in der Normalverteilung die Standardabweichung

---

keitsverteilung in guter Näherung die Normalverteilung nach Gauß als Hüllkurve angepaßt werden. (Nach Baur 1972; verändert und ergänzt).

s als Abstand zwischen Mittelwert und Wendepunkten (in Abb. 8 nur rechtsseitig eingezeichnet) auf (»Streuung«). Andere theoretische Verteilungen sind asymmetrisch, wobei dann der Gipfelpunkt (häufigster Wert), Modus genannt, nicht mehr gleich dem Mittelwert ist. Im linken Bildteil von Abb. 8 liegt eine sog. U-Verteilung vor, bei der die häufigsten Werte in den Extrembereichen liegen (bimodale Verteilung) und – zumindest theoretisch – der arithmetische Mittelwert am seltensten vorkommt.

Schätz- und Testtheorie

Wird die an die jeweilige Stichprobe angepaßte theoretische Häufigkeitsverteilung normiert, wobei anschaulich die Gesamtfläche unter der entsprechenden Kurve gleich 1 bzw. 100 % gesetzt ist, spricht man von der Wahrscheinlichkeitsdichtefunktion. Repräsentiert die gewählte theoretische Häufigkeitsverteilung wirklich in guter Näherung den Prozeß, aus dem die Stichprobe stammt, dann läßt sich nämlich für jeden beliebigen Wertebereich, z. B. die Werte -7, -6, -5 in Abb. 8 rechts, die Wahrscheinlichkeit des generellen und somit ggf. auch künftigen Auftretens bestimmen, mathematisch als das bestimmte Integral der betreffenden Wahrscheinlichkeitsdichtefunktion in den Grenzen des gewählten Wertebereiches. Diese Vorgehensweise wird als statistische Schätztheorie bzw. deren Anwendung bezeichnet.

Dagegen benutzt die statistische Testtheorie theoretische Verteilungen auf indirektem Weg, um bestimmte Aussagen auf ihren Wahrheitsgehalt hin zu überprüfen (daher auch Prüfverfahren genannt). Diese Aussagen haben stets den Charakter von Hypothesen bzw. Fragen, beispielsweise der Art, ob zwei Mittelwerte und mit unterschiedlichem Zeitbezug als »wirklich« unterschiedlich angesehen werden können oder nicht. Die Prüfung dieser Aussage erfolgt ganz analog zu einem mathematischen Widerspruchsbeweis; d. h. es wird eine Gegenaussage formuliert, wonach dieser Unterschied nicht besteht, sozusagen »null und nichtig« ist. Diese Gegenaussage heißt daher »Nullhypothese« H_0, die erstgenannte und möglichst zu beweisende Aussage »Alternativhypothese« H_1. In ähnlicher Weise kann auch danach gefragt werden, ob zwischen einer (empirischen) Stichprobenhäufigkeitsverteilung und der angepaßten theoretischen Verteilung ein Unterschied besteht oder nicht.

Der Unterschied zum rein mathematischen Beweis besteht nun darin, daß rein numerisch der nachgefragte Unterschied sehr wohl besteht, die eigentliche statistische Frage aber darin liegt, ob der Unterschied real und damit prozeßbegründet (H_1) oder aber nur zufällig (H_0) ist. Da weiterhin statistische Aussagen niemals sicher, sozusagen 100prozentig, sein können, muß auch noch das Wahrscheinlichkeitsniveau P gewählt werden, auf dem der Testentscheid herbeizuführen ist. In der Praxis wird dann eine geeignete Testformel ausgewählt, z. B. für die Überprüfung zweier Mittelwerte $\bar{a}$ und $\bar{b}$

$$\hat{t} = (|\bar{a} - \bar{b}|\sqrt{n})/\sqrt{s_a^2 + s_b^2},$$

mit $s^2{}_a$ und $s^2{}_b$ zugehörige Varianzen der Stichproben, n jeweiligem (hier gleichen) Stichprobenumfang und $\emptyset = 2n-2$ »Freiheitsgraden«; t ist das Symbol für die hier anzuwendende theoretische Verteilung, deren Zahlenwert $t = f(p, \emptyset)$, d. h. in Abhängigkeit vom gewählten Wahrscheinlichkeitsniveau, auch Signifikanzniveau genannt, und der Zahl der Freiheitsgrade in einer statistischen Zahlentafel bzw. in einem Lehrbuch nachgeschla-

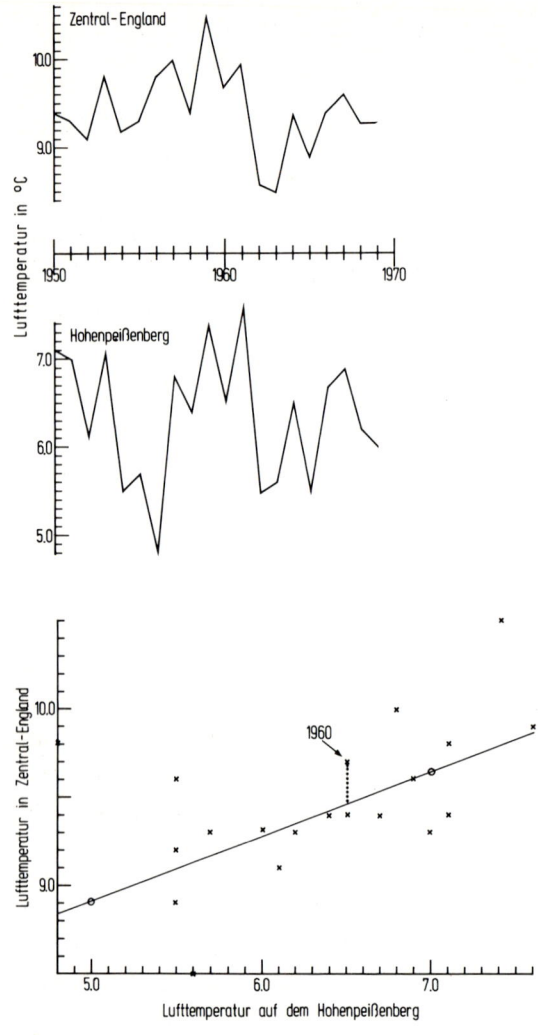

Abb. 9. Die beiden auf der linken Seite dargestellten Kurven stellen Zeitreihen dar, und zwar Jahresmittelwerte der Lufttemperatur für Zentral-England und den Hohenpeißenberg. Trägt man für jedes Jahr die Wertepaare dieser beiden Zeitreihen in ein rechtwinkliges Koordinatensystem ein, wie es rechts dargestellt ist, so kann man versuchen, für diese Wertepaare eine Ausgleichsgerade zu finden.

gen wird (Schönwiese 1992). Ist dann $\hat{t} > t$, wird H_1 als wahrscheinlich angesehen, andernfalls H_0.

Korrelation und Regression

Als Maßzahl für die Güte eines vermuteten Zusammenhangs zwischen zwei Stichproben a und b kann, falls bestimmte Voraussetzungen erfüllt sind, der sog. Korrelationskoeffizient in der Form

$$r_{ab} = s_{ab}/(s_a \cdot s_b)$$

verwendet werden, wobei

$$s_{ab} = \frac{1}{n-1} \sum [(a_i - \bar{a})(b_i - \bar{b})]$$

die sog. Kovarianz und s_a sowie s_b die Standardabweichungen der beiden Stichproben sind. r kann sich zwischen 0, d. h. kein Zusammenhang und +1 bzw. -1, d. h. vollkommener Zusammenhang bewegen, wobei das Vorzeichen die positive bzw. negative Steigung der zugehörigen Regressionsgleichung festlegt, die den betreffenden Zusammenhang, funktional beschreibt. In Abb. 9, wo der Zusammenhang von Jahresmitteltemperaturen zweier Stationen betrachtet wird, ist dieses Vor-

---

Das rechnerische Verfahren hierzu ist die lineare Regressionsanalyse. Die zugehörige lineare Korrelationsrechnung führt zu einer Maßzahl, die angibt, wie gut die Annäherung der einzelnen Wertepaare an die Regressionsgerade ist. Diese Maßzahl heißt Korrelationskoeffizient und hat für dieses Beispiel den Wert +0,57.

zeichen positiv und die Funktion die einer Geraden (linearer Zusammenhang). Der Korrelationskoeffizient beträgt in diesem Fall r = +0,57; aussagekräftiger ist i. a. der Wert $r^2 = 0,57^2 \approx 0,325 \stackrel{\wedge}{=} 32,5\,\%$, da er die gemeinsame Varianz der beiden Stichproben angibt. Natürlich kann es sich auch um nichtlineare Zusammenhänge handeln, was zu entsprechend komplizierten Regressionsgleichungen führt, eingeschlossen den Fall, daß mehr als zwei Stichproben, nämlich eine Wirkungsgröße a und mehrere Einflußgrößen b, c usw. in die Berechnung eingehen (multiple und partielle Korrelations- und Regressionsanalyse). Folgen die Stichproben nicht der Normalverteilung, was bei r vorausgesetzt wird, muß zur sog. Rangkorrelationsrechnung übergegangen werden. Sind die Einflußgrößen nicht unabhängig voneinander, helfen die sog. empirischen Orthogonalfunktionen (EOF) weiter. Dies sowie die sog. neuronalen Netze, bei denen in Analogie zum menschlichen Gehirn beliebig geartete Zusammenhänge sozusagen trainiert und dadurch aufgefunden werden können, gehört bereits zu den aufwendigeren Methoden der Statistik. Schließlich gibt es auch für die Korrelationsrechnung Testverfahren, die sehr wichtig sind, weil der gesamte Komplex der Korrelation und darauf aufbauender Methoden die Brücke von der deskriptiven zur ursächlichen (kausalen) Klimatologie bildet.

Spektrale Varianzanalyse

Auch die speziellen Methoden der Zeitreihenanalyse beinhalten sowohl deskriptive wie kausale Aspekte. Zu nennen sind dabei vor allem die Methoden der spektralen Varianzanalyse und numerischen Filterung. In der zuerst entwickelten Form der spektralen Varianzanalyse wird eine Zeitreihe hinsichtlich der in ihr enthaltenen

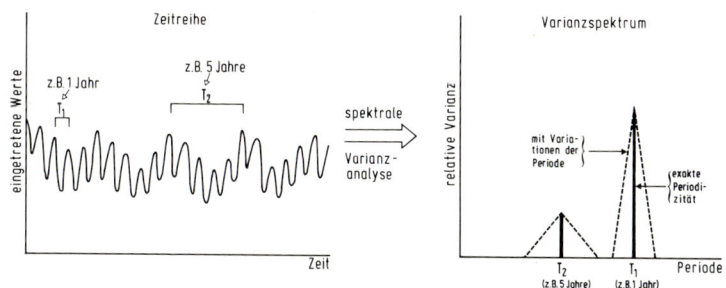

Abb. 10. *Links* schematisches Beispiel einer Zeitreihe, die aus zwei Schwankungsanteilen mit den Perioden T_1 (z. B. 1 Jahr) und T_2 (z. B. 5 Jahre) zusammengesetzt ist. Das Rechenverfahren der spektralen Varianzanalyse führt zu dem *rechts* dargestellten Varianzspektrum, das eine Aufschlüsselung der Varianz bezüglich der Perioden beinhaltet. Bei exakter Periodizität und genau genommen auch nur im Fall einer unendlich langen Zeitreihe ist das Varianzspektrum ein Linienspektrum; falls die Periode der erfaßten Schwankungsanteile jeweils variieren, weisen die spektralen Maxima eine gewisse Breite auf *(gestrichelte Linien).*

zeitlichen Zusammenhänge untersucht, d. h. es wird festgestellt, ob Zeitreihendaten mit späteren Daten der gleichen Zeitreihe korreliert sind. Die so entstandene Autokorrelationsfunktion wird der Fourier-Transformation unterworfen. Das Ergebnis, nämlich das Varianzspektrum, ist in seiner Bedeutung in Abb. 10 anhand eines einfachen schematischen Beispiels erläutert: Die beiden in der hier willkürlich-synthetischen Zeitreihe enthaltenen zyklischen Variationsanteile mit »Perioden« von z. B. ca. 1 und 5 Jahren werden im Varianzspektrum ihrer Ausprägung (Amplitude und Häufigkeit) entsprechend angezeigt. Der Begriff »Periode« ist dabei etwas mißverständlich, denn im Gegensatz zur harmonischen Fourier-Analyse, bei der strenge Periodizität im mathematischen Sinn vorausgesetzt ist, läßt das hier beschriebene Verfahren Variationen von Zykluslänge (»Periode«) und Amplitude,

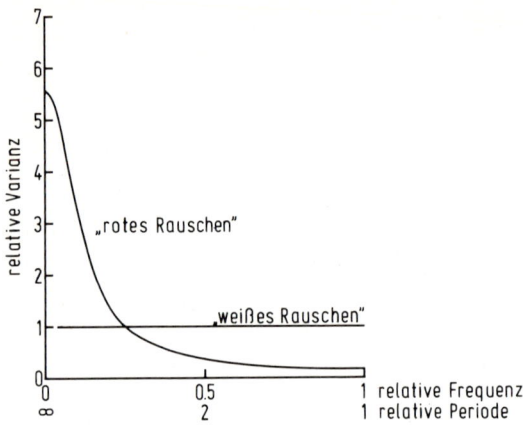

Abb. 11. Gegenüberstellung zweier »Varianzspektren« für Grundgesamtheiten, wie sie sich auf theoretischem Weg finden lassen. Das »weiße Rauschen« (»weißes Spektrum«) stellt sich im Fall unendlich langer Zeitreihen ein, deren Schwankungen rein zufallsgesteuert zustande kommen. Im Fall des »roten Rauschens« (»roten Spektrums«) enthält die Zeitreihe abweichend vom Zufallsverhalten eine gewisse Erhaltungsneigung (Persistenz). Je größer diese Erhaltungsneigung ist, um so mehr steigt des Spektrum in Richtung höherer Perioden an.

ja sogar Phasensprünge zu. Solche Variationen schlagen sich dann in der »Breite« der entsprechenden Varianzanteile des Spektrums nieder. Ein sog. Linienspektrum (in Abb. 10 dick gezeichneter Balken) würde man nur im Fall exakt periodischer Variationen und zudem unendlich langen Zeitreihen erhalten. Da es sich im praktischen Fall auch hier um (endliche) Stichproben handelt, muß auch auf das Varianzspektrum ein geeignetes Testverfahren (signifikante Zyklen, H_1 oder H_0?) angewandt werden.

Die erwähnte Autokorrelationsfunktion erlaubt auch Persistenzaussagen; d. h., es kann abgeschätzt werden, wie groß die Erhaltungsneigung des in der jeweiligen Zeitreihe erfaßten Klimaelements ist. Diese Erhaltungs-

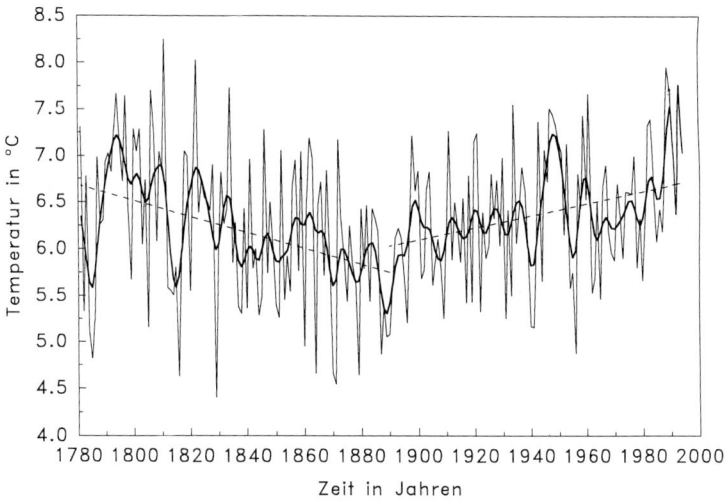

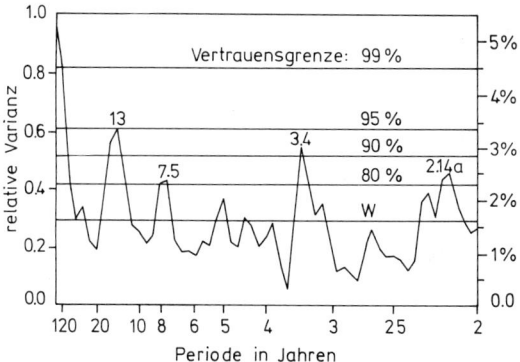

Abb. 12. *Oben* Jahresmittelwerte 1781 bis 1993, zehnjährige Glättung (Gauß-Tiefpaßfilterung) und lineare Trends (bis sowie nach 1890) der bodennahen Lufttemperatur auf dem Hohenpeißenberg (Oberbayern). *Unten* zugehöriges Varianzspektrum (ASA = Autokorrelation - Spektralanalyse) mit weißem Hintergrundsspektrum (vgl. Abb. 11) und Vertrauensgrenzen. (Daten nach Paesler 1970; ergänzt nach den monatlichen Witterungsberichten des Deutschen Wetterdienstes; Analyse Schönwiese 1992, ergänzt).

neigung ist bei den Tagesdaten des Wetters im allgemeinen allerdings ausgeprägter als z. B. bei Jahresmittelwerten, da die Wahrscheinlichkeit, daß auf das Wetter eines bestimmten Tages am Folgetag ein ähnliches Wetter folgt, recht groß ist. Erst bei räumlichen Mittelungen und sehr langen Zeitintervallen ist auch die klimatologische Persistenz bedeutend. Im Varianzspektrum wirkt sich die Persistenz als sog. »rotes Rauschen« aus (Abb. 11), d. h. die Varianz steigt in Richtung langer Perioden, entsprechend kleinen Frequenzen, hin an. Im Gegensatz dazu sind beim »weißen Rauschen« (Abb. 11) alle Varianzanteile gleichmäßig vertreten. »Rauschen« bedeutet im übrigen reine Zufallsvorgänge, ohne irgendein Hervortreten von Signalen zyklischer Varianz. In Abb. 12 ist dagegen das Beispiel der Jahresmittelzeitreihe der bodennahen Lufttemperatur vom Hohenpeißenberg gezeigt (Abb. 12 oben), dessen Varianzspektrum, abgehoben von einem »weißen« Hintergrundrauschen W, durchaus einige Signale zyklischer Varianz enthält, von denen in diesem Fall allerdings nur die Zyklen von ca. 3,4 (±0,2), 13 (±2) Jahren und das langfristige Residuum die Signifikanzgrenze von 90 % übersteigt.

▰ Zeitreihenfilterung

Die Abb. 12 (oben) enthält noch zwei weitere Ergebnisse statistisch-klimatologischer Zeitreihenanalyse: Neben den Jahresdaten (dünne Kurve) ist eine 10jährige numerische Tiefpaßfilterung angewandt worden (dicke Kurve), d. h. eine Rechenoperation, die zur Unterdrückung der Variationsanteile von weniger als 10 Jahren Zykluslänge führt. Dies kann auch so ausgedrückt werden, daß das Varianzspektrum der betreffenden Zeitreihe bei Perioden von 10 Jahren so abgeschnitten ist, daß nur die entsprechend längeren Perioden bzw. kleineren Frequenzen (sozusagen tiefe Frequenzen, daher der Name »Tiefpaßfilterung«) übrigbleiben. Allgemein bedeutet numerische Zeitreihenfilterung eine Rechenoperation der Form

$$\tilde{a}_j = \sum_{k=-m}^{+m} w_k a_{i+k}$$

(i = 1+m, ..., n-m; k = -m, ...0, ...m; j = 1, ...n-2m), wobei a_i die ursprüngliche Zeitreihe, n deren Stichprobenumfang, w_k die Filtergewichte, $\tilde{a}_j$ die gefilterte Zeitreihe und m die Anzahl der Verschiebungen ist. Denn wie Abb. 13 zeigt, bedeutet diese Rechenoperation, daß die Gewichte mit den ursprünglichen Zeitreihen multipliziert und dann aufsummiert werden, um den ersten gefilterten Wert zu ergeben. Dann erfolgt eine Verschiebung um einen Zeitreihenwert 1 mit Wiederholung dieses Rechenformalismus usw. Anschaulich bedeutet Tiefpaßfilterung immer eine Zeitreihenglättung, wobei die Intensität dieser Glättung (in Abb. 13 10jährig) frei wählbar ist.

Genauer gesagt handelt es sich in Abb. 12 (oben) um eine sog. Gauß-Tiefpaßfilterung, bei der die Filtergewichte proportional der Gauß-Normalverteilung sind. Diese Vorgehensweise ist der einfacheren, sog. übergreifenden Mittelung, bei der in der obigen Formel alle Gewichte $w_k = 1$ sind, bei weitem vorzuziehen, weil bei dieser zweiten Methode unerwünschte hochfrequente Varianzanteile verbleiben, die dann auch optisch kein »glattes« Bild liefern (Schönwiese 1992). Natürlich gibt es neben der Tiefpaßfilterung auch die Hoch- bzw. Bandpaßfilterung, bei der die kurzen Perioden (»hohen« Frequenzen) bzw. ein Periodenband herausgefiltert werden, weiterhin sog. Spline-Funktionen, bei denen Polynom-

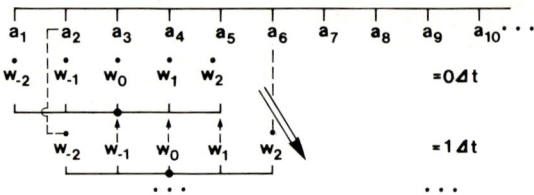

Abb. 13. Schematische Darstellung des Rechenformalismus zur numerischen Filterung von Zeitreihen. (Nach Schönwiese 1992).

funktionen beliebiger Ordnung an die Zeitreihendaten angepaßt werden. Außerdem enthält Abb. 12 (oben) noch lineare Trends (gestrichelte Linien), die, spektral-varianzanalytisch gesprochen, dem langfristigen Residuum angehören, d. h. so langfristig sind, daß sie im Varianzspektrum nicht mehr aufgelöst werden können. Auch solche Langfristtrends können statistisch bewertet werden, beispielsweise durch das sog. Trend-/Rauschverhältnis, bei dem der jeweilige Trendwert (Anstieg bzw. Abfall der Werte) meist durch die zugehörige Stan-dardabweichung s (als Schätzung des Rauschens) dividiert wird, oder aber durch aufwendigere Verfahren wie den Mann-Kendall-Trendtest (Sneyers 1990).

Diese wenigen Hinweise mögen genügen, um die statistischen Aspekte der Klimageschichte etwas besser zu verstehen. Wie die Klimatologie selbst, so ist auch die Statistik und statistische Klimatologie sehr weit gesteckt und in einer Vielzahl von Lehrbüchern, Tagungsberichten und Einzelpublikationen dokumentiert. In diesem Rahmen gibt es auch ständig neue methodische Entwicklungen bzw. Modifikationen.

4 Geschichte der Klimaänderungen

Auswahl des Datenmaterials

Um die Klimaänderungen der Erde, wie sie sich in den neo- und paläoklimatologischen Stichprobenzeitreihen darstellen, aufzuzeigen, beginnen wir mit dem Klimazustand, der uns am nächsten liegt: dem heutigen, und gehen so weit zurück, wie es die paläoklimatologische Informationserfassung erlaubt.

Die riesige Fülle des vorliegenden und ständig weiter anwachsenden Datenmaterials erfordert jedoch eine Auswahl. So soll die bodennahe Lufttemperatur als Schwerpunkt unserer Betrachtungen dienen, denn sie ist für die indirekte Datenerfassung am besten zugänglich und auch bei der direkten Datenerfassung am besten abgesichert. Diese Tatsache spiegelt sich darin, daß die meisten paläoklimatologischen Analysen auf die Abschätzung der bodennahen Lufttemperatur hinauslaufen und diese Größe als vorrangiges Unterscheidungsmerkmal für unterschiedliche Klimaepochen dient. Dafür spricht im übrigen auch der statistische Gesichtspunkt der Repräsentanz.

Selbstverständlich nehmen wir mit einer solchen Auswahl empfindliche Lücken in Kauf. So ist beispielsweise in den Tropen und Randtropen der

Niederschlag das ausschlaggebende Klimaelement. Daher werden wir den Niederschlag gelegentlich in unsere Betrachtungen einbeziehen. Sofern es für den Gesamtrahmen von Bedeutung ist, werden z. B. auch die Meeresspiegelhöhe, die Eisbedeckung oder der Wind zur Sprache kommen. Jedoch ist bereits das Bild, das uns die Temperaturschwankungen der Klimageschichte zeigt, so komplex, daß der Versuch einer knappen übersichtlichen Darstellung selbst bei weitgehender Beschränkung auf dieses Klimaelement nicht einfach ist.

Die letzten beiden Jahrhunderte

Mit dem Jahr 1780, dem Geburtsjahr der Societas Meteorologica Palatina (SMP, vgl. Kap. 2) beginnt eine wichtige neoklimatologische Epoche, auch wenn sie maximal bis zum Jahr 1659 (England, vgl. Kap. 2) zurückreicht und eine für Temperaturbetrachtungen hinreichende Flächenabdeckung erst ab ca. 1850/60 gegeben war. Ohne auf die regionalen Besonderheiten gleich einzugehen, soll die bereits in Abb. 12 vorgestellte Temperaturreihe vom Hohenpeißenberg 1781 bis 1993 Ausgangspunkt unserer Reise in die Vergangenheit sein. Diese Daten sind auch deswegen von Bedeutung, weil sie von Stadteinflüssen frei sind.

Glättet man durch eine 10jährige Tiefpaßfilterung (vgl. Kap. 3) die ausgeprägten 2- bis 3jährigen sowie die weniger dominanten 5- bis 8jährigen Variationsanteile, so treten besonders warme Phasen in jüngerer Zeit, nämlich um 1945/50, in jüngster Zeit sowie um 1795 hervor. Besonders kalte Epochen sind um 1785, um 1815 und um 1890 festzustellen. Überlagert ist ein langfristiger Abkühlungstrend bis ca. 1890, gefolgt von einem ent-

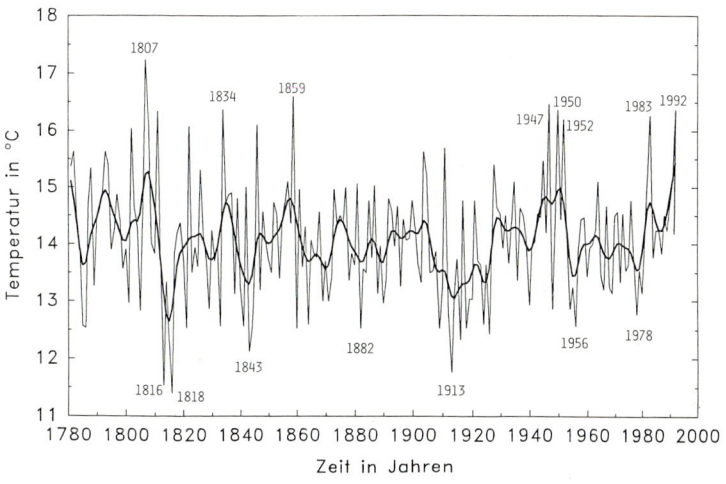

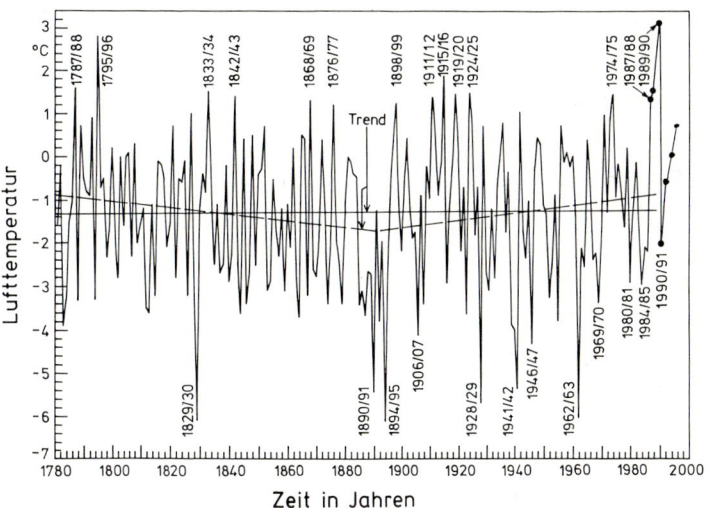

Abb. 14. Sommer- (Juni, Juli, August) und Winter- (Dezember des Vorjahres, Januar, Februar) Temperaturen 1781 bis 1993 auf dem Hohenpeißenberg mit zehnjähriger Glättung. Trends sind bei dieser Betrachtung kaum zu erkennen. (Datenquellen wie Abb. 12).

sprechenden Erwärmungstrend, deren Trend-/Rauschverhältnisse mit Werten um 1 (d. h. in der Größenordnung der Standardabweichung s) aber statistisch nicht signifikant sind. Weniger wichtig sind die Rekordjahre (Maximum 1811, in neuerer Zeit relatives Maximum 1989; Minimum 1829, in neuerer Zeit relatives Minimum 1956), da die wichtigeren entsprechenden saisonalen Extremwerte gleich anschließend diskutiert werden sollen.

Dies, und zwar für Winter (Monate Dezember des Vorjahres einschließlich Februar des laufenden Jahres) und Sommer (Juni bis August) ist aus Abb. 14 zu erkennen, wobei die Rekordjahre durch Jahresangaben näher bezeichnet sind: besonders kalte Winter 1830, 1895 und 1963, mildeste Winter 1796 und 1990. Die Sommerextrema überdecken eine geringere Variationsbreite mit diversen Warmereignissen zwischen 1807 und 1859, 1947/1950/1952 sowie 1983 und 1992, während sich 1813, 1816 und 1913 besonders kalte Sommer einstellten. Die Langfristtrends sind qualitativ ähnlich wie bei den Jahresdaten (vgl. Abb. 12) aber mit Trend-/Rauschverhältnissen um 0,5 noch weniger signifikant.

Das ändert sich, wenn der Sprung zu hemisphärischen und globalen Mittelwerten vollzogen wird, die allerdings (in der Datenquelle nach Jones 1991 und persönl. Mitteilung) nur die Zeit ab Mitte des letzten Jahrhunderts abdecken (vgl. Abb. 15 bis 17). Denn obwohl die langfristigen Temperaturanstiege in allen drei Fällen mit ca. 0,5°C etwas geringer als beim Hohenpeißenberg sind, übersteigt das Trend-/Rauschverhältnis doch die 2fache Standardabweichung, im Fall der globalen und südhemisphärischen Werte sogar um den Faktor 3, was einer Trendsignifikanz von 99 % entspricht. Nur am Rande sei erwähnt, daß dies Hand in Hand geht mit einem Meeresspiegelanstieg, wieder großräumig gemittelt, um 10 bis 25 cm während der letzten 100 Jahre und

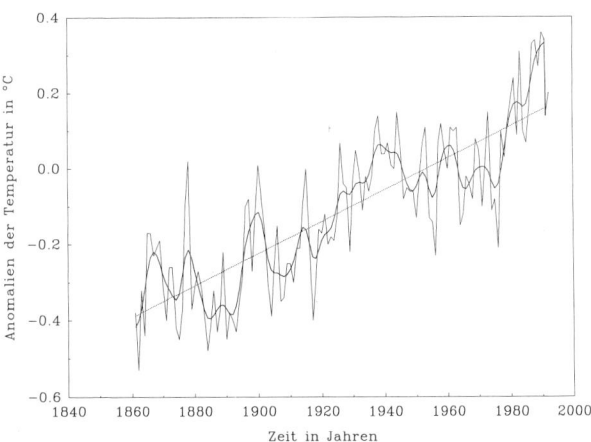

Abb. 15. Anomalien (d. h. Abweichungen vom Referenzmittelwert 1951 bis 1970) der bodennahen Weltmitteltemperatur 1861 bis 1993 nach IPCC (Houghton et al. 1992) bzw. Jones (1992) mit zehnjähriger Glättung und linearem Trend, der in diesem Fall statistisch signifikant ist (95 %-Niveau; Analyse Schönwiese et al. 1994).

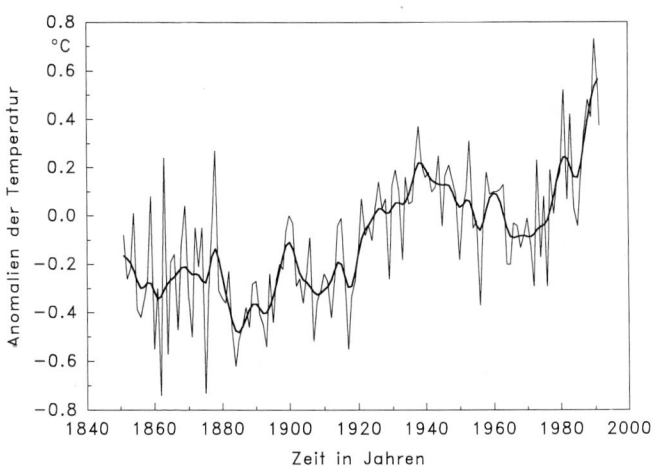

Abb. 16. Anomalien in der Nordhemisphäre 1851 bis 1992 (wie in Abb. 15).

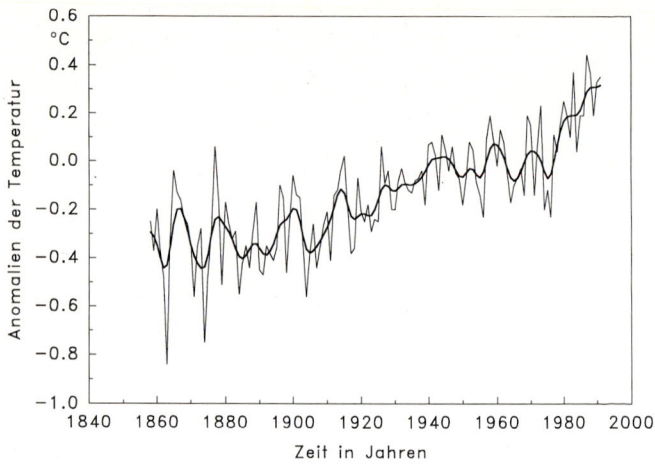

Abb. 17. Anomalien in der Südhemisphäre 1858 bis 1992 (wie in Abb. 15).

einem Rückgang der stratosphärischen Temperatur (Nordhemisphäre rund 0,8°C, Südhemisphäre rund 1,9°C, jeweils seit ca. 1965). Somit ist unser Jahrhundert durch deutliche Klimaänderungen gekennzeichnet, die hinsichtlich der Temperatur in Abb. 18 noch näher meridional-jahreszeitlich charakterisiert sind. Danach sind die stärksten Temperaturänderungen im arktischen Winter aufgetreten. Auf die Erörterung der komplizierten regionalen Strukturen der Trends, einschließlich der Radiosondendaten, muß hier aus Gründen der Kürze und Übersichtlichkeit leider verzichtet werden (Schönwiese et al. 1993, 1994).

Jedoch sollen die Niederschlags- und Windbefunde nicht ganz unterschlagen werden, obwohl es dabei große Repräsentanzprobleme und entsprechend kompliziertere Regionalbefunde gibt. Beim Niederschlag überwiegt 100- bzw. 200jährig ganz offensichtlich das fluktuative und

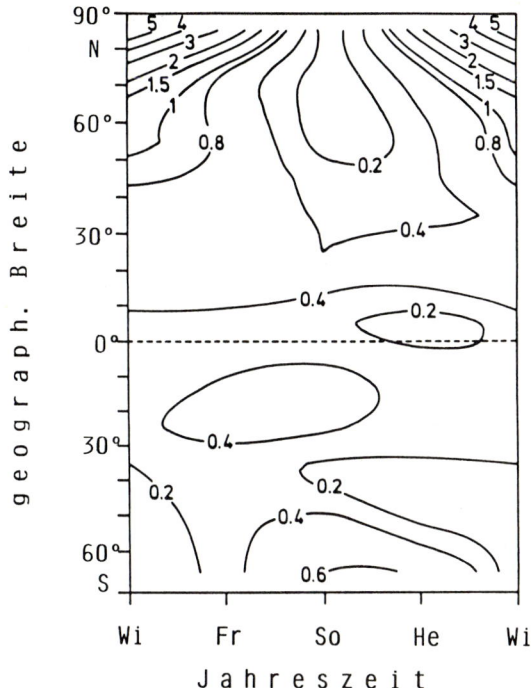

Abb. 18. Lineare Trends 1891 bis 1990 (Globalanalyse) der bodennahen Lufttemperatur in K (bzw. °C), aufgeschlüsselt nach der Jahreszeit und der geographischen Breite. (Daten nach Hansen u. Lebedeff 1987, persönliche Mitteilung; Analyse Schönwiese et al. 1994).

Anomalieverhalten (im letzteren Fall stark variierende Einzelergebnisse). Jedoch lassen sich für die letzten Jahrzehnte gewisse Trends feststellen, wie Abb. 19 illustriert. Danach ist nordhemisphärisch in den Subtropen überwiegend ein Niederschlagsrückgang und polwärts davon ein Niederschlagsanstieg festzuhalten, wobei nach neueren Befunden (Diaz et al. 1989) die Grenze für dieses unterschiedliche Trendverhalten bei ca. 45° Nord anzu-

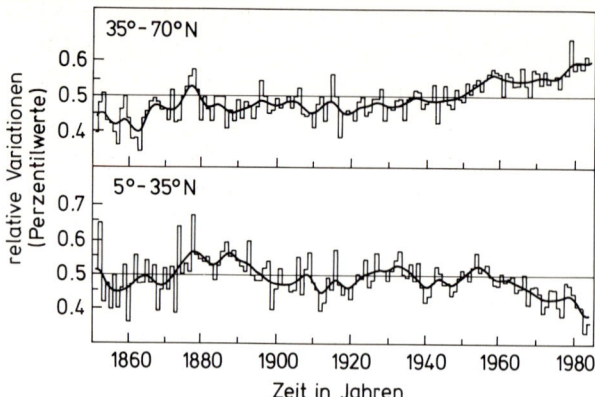

Abb. 19. Relative Jahresvariationen 1851 bis 1985 und zehnjährige Glättung des Niederschlags in den angegebenen Breitenkreiszonen. (Nach Bradley et al. 1987; hier umgezeichnet nach Schönwiese u. Diekmann 1991).

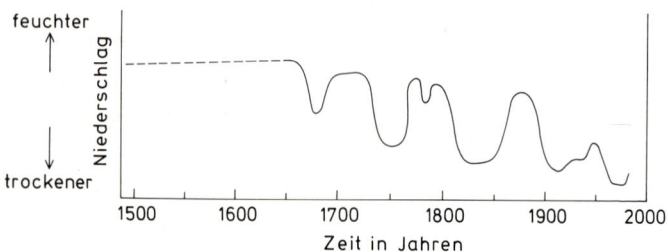

Abb. 20. Grobrekonstruktion der relativen Niederschlagsänderungen in der Sahelzone. (Nach Nicholson 1989; hier umgezeichnet nach Schönwiese 1994a).

setzen ist. In Deutschland hat 1961 bis 1990 ein Trend zu vermehrtem Winter- und verringerten Sommerniederschlag bestanden (Schönwiese et al. 1993). Im Mittelmeergebiet, wo der Sommerniederschlag sowieso schon sehr gering ist, gibt es zum Teil drastische Rückgänge des Winterniederschlages, während Dürreperioden in der Sahelzone (Nordafrika) episodisch immer wieder aufzutreten scheinen (Abb. 20).

Die Versicherungswirtschaft ist von der Zunahme der Sturmschäden alarmiert: es wird ungefähr von einer Verdrei- bis Vervierfachung in den letzten 30 Jahren berichtet (Berz 1993). Der klimatologische Bezug ist jedoch problematisch, weil mehr und mehr gefährdete Zonen bebaut werden. Meteorologische Untersuchungen deuten auf Sturmzunahmen im europäisch-atlantischen Raum (Schinke 1992) sowie häufigere Tornados in den USA (WMO 1992) hin, während das Verhalten der tropischen Wirbelstürme keine gesicherten Trendaussagen zuläßt bzw. regional sehr unterschiedlich abläuft.

Ein wichtiger Klimaindikator ist schließlich das Verhalten der Gletscher, weil sie natürliche Tiefpaßfilter sind und somit viel empfindlicher auf Klimatrends als auf die Launen des Wetters reagieren. Insbesondere aus den Alpen gibt es dazu viele Untersuchungen, Fotografien und Gemälde und nicht zuletzt paläoklimatologische Befunde, auf die wir noch zurückkommen werden. Die Abb. 21 illustriert den Rückzug des Vernagt-Ferners in den Ötztaler Alpen (Österreich), der in seiner glaziologischen Massenbilanz besonders gut untersucht ist. Insgesamt hat sich das Volumen der Alpengletscher in unserem Jahrhundert in etwa halbiert, wobei etliche kleinere Gletscher ganz verschwunden sind. Und aus anderen außerpolaren Gebirgsregionen gibt es ähnliche Befunde. Als Übergang zum nächsten Kapitel sind in Tabelle 6 die charakteristischen Klimaänderungen Mitteleuropas seit 1650 zusammengefaßt.

Abb. 21. Der Vernagt-Ferner in den Ötztaler Alpen (Österreich), *oben* im Sommer 1912, *unten* im September 1968, jeweils vom gleichen Standpunkt aus fotografiert. Für die hier erfaßte Zeitspanne beträgt der Flächenverlust des Vernagt-Ferners 21 %, der Volumenverlust sogar 31 %. (Wiedergabe mit freundlicher Genehmigung der Kommission für Glaziologie der Bayerischen Akademie der Wissenschaften; Daten nach Reinwarth 1979).

Tabelle 6. Übersicht der Klimaänderungen in Mitteleuropa seit Beginn der direkten Instrumentenbeobachtungen. (Nach von Rudloff 1967, stark vereinfacht und ergänzt).

Zeitraum	1650–1700	1700–1750	1750–1800	1800–1850
Temperaturcharakteristik	*Kältester Zeitabschnitt der Beobachtungen*; Jahres-, Sommer- und Wintermittel um 0,6 bis 0,8°C unter dem Mittel von 1851–1950	*Erwärmungsphase*, insbesondere im Sommer und Herbst, Jahresmittel nahe dem Wert von 1851–1950	Überwiegend Abkühlung; markante Zunahme der Jahresamplituden, wobei die Sommer eher noch wärmer, die Winter aber fast so kalt wie 1650–1700 werden; Jahresmittel um 0,2°C unter dem Wert von 1851–1950	*Markante Abkühlung, insbes. im Sommer*, Winter dagegen eher wieder milder; Jahresmittel um 0,3°C unter dem Wert v. 1851–1950
Niederschlagscharakteristik	(Wegen zu weniger Messungen kaum Aussagen möglich)	Relativ trocken, insbesondere im Winter	Deutliche Niederschlagszunahme in allen Jahreszeiten, z. T. Maximum für 17.–19. Jahrhundert	Niederschlagszunahme regional noch verstärkt, häufig verregnete Sommer; im stärker kontinental beeinflußten Bereich jedoch regional sehr trocken

Tabelle 6. (Fortsetzung).

Zeitraum	1650–1700	1700–1750	1750–1800	1800–1850
Besonderheiten	1639–1675 besonders kühle Sommer; 1694/95 extrem kalter Winter; (relativ viele Gletschervorstöße, Höchststände der Zeitspanne nach ca. 1300 schon um 1600)	Erwärmung am stärksten 1730–1739 ausgeprägt, 1737–1746 dagegen leichte Abkühlung; 1719 besonders warmer Sommer (Niederlande), 1739/40 Strengwinter; ab 1715 deutlicher Gletscherrückgang	1763–1772 besonders starke Abkühlung; 1781–1790 kältestes Dezennium in N-Europa seit Beobachtungsbeginn; 1788/89 besonderer Strengwinter; 1785–1794 regional leichte Erwärmung	1813–1825 Zwischenerwärmung; 1836–1858 besonders starke Abkühlung; 1812–1821 vielfach sehr kühle Sommer, 1816 bei einigen Reihen »Sommerminimum«; 1829/30 besonderer Strengwinter; (1820–1850 verbreitete Gletschervorstöße, im Alpengebiet meist Erreichen der höchsten Gletscherstände seit ca. 1300 bzw. 1600)

Tabelle 6. (Fortsetzung).

Zeitraum	1850–1900	1900–1950	1950–1995
Temperaturcharakteristik	*Beginnende Milderung*, Zunahme der Sommer- und Wintertemperatur, Jahresmittel aber noch um 1851–1950; gegen Ende des Zeitraumes noch einmal starke Abkühlung	*Markante Erwärmung*, insbesondere im Winter; Jahresmittel um 0,2°C über dem Wert v. 1851–1950; die Erwärmung setzt im Norden eher als im Süden ein und ist im Norden ausgeprägter	*Zunächst einsetzende Abkühlung*, überwiegend in allen Jahreszeiten; gegen Ende dieses Zeitraumes Anzeichen für Ende der Abkühlung. Im letzten Jahrzehnt markante Erwärmung
Niederschlagscharakteristik	Zunächst sehr trocken, besonders im Winter, gegen Ende dieser Epoche jedoch starke Niederschlagszunahme (1865 ist der Neusiedler See fast trocken, 1883 rel. Max.-Stand)	Trocken oder kaum verändert gegenüber dem vorangegangenen Zeitraum; Winterniederschlag jedoch deutlich erhöht	Starke winterliche Niederschlagszunahme, vielfach wird ein Niveau ähnlich 1750–1800 erreicht. Im Sommer Mittel- und Osteuropas Niederschlagsrückgang, Mittelmeerraum generell

Tabelle 6. (Fortsetzung).

Zeitraum	1850–1900	1900–1950	1950–1995
Besonderheiten	1850–1858 letzte Häufung von Strengwintern, in Süddeutschland jedoch auch im Dezennium 1887–1897 sehr kalt; 1862–1871 markante Frühjahrserwärmung, 1859–1868 im Alpengebiet milde Winter; ab 1855 überwiegend Gletscherrückgang	1907–1927 kühle und feuchte Sommer, 1933–1942 sehr starke Erwärmung in der N-Polarregion, 1942–1954 Temperaturjahresmaximum in Mitteleuropa; 1924/25 vielfach mildester Winter seit Beobachtungsbeginn; 1947 extremer Hitze- und Dürresommer (Mitteleuropa); 1942–1954 besonders starker Gletscherrückgang	1962/63 Strengwinter; 1964, 1965 kühle und feuchte Sommer; 1965 kältestes Frühjahr des Jahrhunderts; seit Dezennium 1960/70 regional Gletschervorstöße in den Alpen, ab ca. 1980 beschleunigte Gletscherrückzüge. Ab 1987/88 Häufung extrem milder Winter. 1976, 1983 u. 1992 trocken-heiße Sommer

Die letzten Jahrtausende

Die Erkenntnisse über die Klimaänderungen des letzten Jahrtausends beruhen auf einer Vielzahl paläoklimatologischer Rekonstruktionen und historischen Quellen. Es stellt sich somit, wie auch schon im vorangegangenen Kapitel, das Problem der Auswahl sowie repräsentativen und übersichtlichen Zusammenfassung. Dabei soll so vorgegangen werden, daß neuere Befunde zusammen mit nun schon klassisch zu nennenden, die schon wegen der Wahl der Nomenklatur der Klimaepochen erwähnenswert sind, besprochen werden.

In diesem Zusammenhang ist es sinnvoll, sich in Fortführung von Abb. 16 zunächst an der nordhemisphärisch gemittelten Betrachtung zu orientieren. Da entsprechend repräsentative Rekonstruktionsergebnisse für die Südhemisphäre und damit auch in globaler Mittelung nicht vorliegen, müssen einige regionale Befunde aushelfen.

Das dominante Bild des letzten Jahrhunderts, wie es sich nordhemisphärisch gemittelt ergibt (Abb. 22 ab 1579), ist eine warme Klimaepoche bis ca. 1350/1400, genannt das »Mittelalterliche Klimaoptimum«(O_J), gefolgt von einer kälteren Epoche, die etwas übertrieben den Namen »Kleine Eiszeit« (P_J) führt, bevor in unserem Jahrhundert die bereits im vorangegangenen Kapitel diskutierte »Neuzeitliche Erwärmung« (»Modernes Optimum«, O_K) folgte, die offenbar noch anhält. Die Abkürzungen O und P beruhen auf der internationalen Konvention, wonach relativ warme Klimaepochen »Optimum« (O) genannt werden. In Analogie dazu ist für die relativ kalten Epochen der Begriff »Pessimum« (P) geprägt worden (Schönwiese 1979). Dies dient vor allem der Systematik und regionalen Vergleichbarkeit und darf nicht als »gut« bzw. »schlecht« fehlinterpretiert werden; denn was

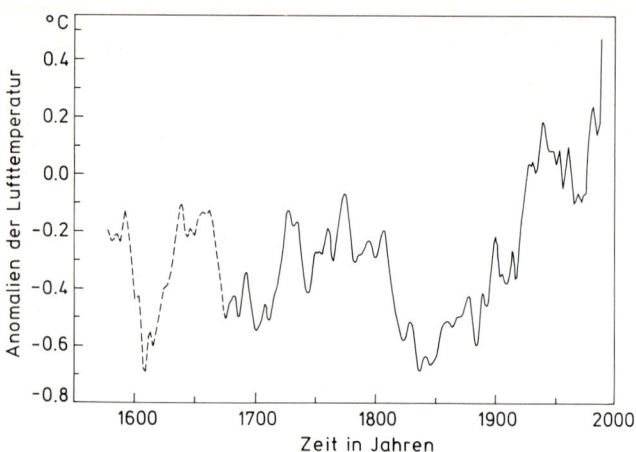

Abb. 22. Rekonstruktion der Variationen der bodennahen nordhemisphärischen Mitteltemperatur 1579 bis 1992 in zehnjähriger Glättung, Anomaliewerte ähnlich wie in Abb. 16. (Daten 1679 bis 1879 nach Jacoby u. D'Arrigo 1989; davor nach Groveman u. Landsberg 1979, unsicher und daher gestrichelt gezeichnet; ab 1880 nach Hansen u. Lebedeff 1987; aufgrund direkter Messungen; kombiniert nach Schönwiese 1994a).

für den einen gut sein mag, z. B. relativ (die Relativität ist dabei wichtig) warmes Klima in Mitteleuropa, kann für den anderen gleichzeitig sehr schlecht sein, z. B. wenn solche Ereignisse mit sommerlichen Dürren oder/und eklatanten Hitzewellen verbunden sind. Ungeachtet solcher möglichen Fehlinterpretationen soll die genannte Systematik, einschließlich von Indizes – z. B. O_K für das »Mittelalterliche Klimaoptimum« – verwendet werden, um bestimmte relativ warme bzw. kalte Klimaepochen eindeutig ansprechen zu können (Schönwiese 1979, 1987).

Selbstverständlich stellen die genannten Klimaepochen O_J, P_J und O_K nur eine Grobeinteilung dar. So ist

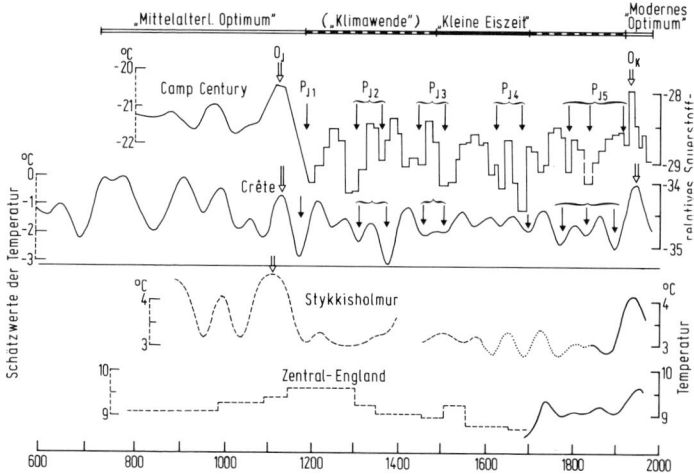

Abb. 23. Temperaturschwankungen seit 600 n. Chr. in Grönland, Island und England. Die oberen beiden Kurven beruhen auf Temperaturabschätzungen nach der Sauerstoffisotopenmethode für die grönländischen Eisbohrkerne ca.mp Century und Crête. Die unteren beiden Kurven gehen teils auf gemessene Werte zurück, *ausgezogene Kurventeile*, teils sind sie nach verschiedenen paläoklimatologischen Methoden geschätzt.(Nach Dansgaard et al. 1969, 1975; Lamb 1969; kombiniert, verändert und ergänzt).

beispielsweise die »Kleine Eiszeit« keinesfalls einheitlich abgelaufen. Vielmehr weist Abb. 23 auf relativ kalte Unterepochen um 1600 (P$_{J4}$) und um 1850 bis 1890 (P$_{J5}$) hin, während es in der Zeit um ca. 1730 bis 1800 relativ warm war. Dies sowie die relativ kalte Unterepoche P$_{J5}$ zeigt im übrigen auch die 1781 beginnende Hohenpeißenberger Temperaturreihe (vgl. Abb. 12).

Die regionalen Rekonstruktionen, wie sie in Abb. 23 für verschiedene Erdteile und in Abb. 24 für zwei Alpengletscher zusammengestellt sind, lassen gewisse Ähnlichkeiten im Ablauf der Temperaturänderungen

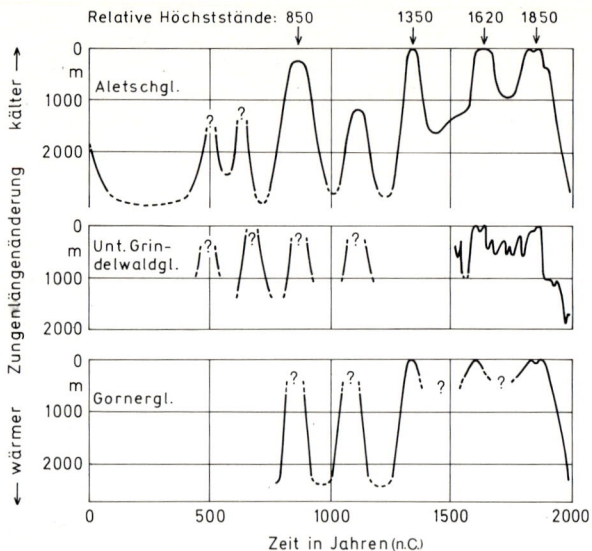

Abb. 24. Zungenlängenänderung des Aletsch-, Unteren Grindelwald und Gorner-Gletschers (Zentralschweiz) in den letzten rund 2000 Jahren, die als Indikation für relativ langfristige Temperaturschwankungen (natürlicher Tiefpaßfilter) dienen können, solange Niederschlagseinflüsse nicht dominant sind. (Nach Holzhauser 1983, Furrer 1991; vereinfacht).

der letzten 1000 bis 1500 Jahre erkennen. Danach ist im Rahmen der »Kleinen Eiszeit« (PJ) neben PJ5 (ca. 1850 bis 1890) und PJ4 (um 1600) auch schon um 1350 bis1400 (PJ2) eine kalte Unterepoche eingetreten. Dementsprechend kann es nicht verwundern, daß offenbar auch das »Mittelalterliche Klimaoptimum« (OJ) eine innere Variationsstruktur aufweist, bei der allerdings die regionalen Unterschiede deutlicher in Erscheinung treten und wohl auch unsicherer sind als bei der »Kleinen Eiszeit« (PJ). So scheint der Höhepunkt dieser Epoche in England (Abb. 23) um 1200 bis 1300, in Island und

Nordamerika aber schon um 1100 eingetreten zu sein. Die neueren Befunde aus dem alpinen Raum (Aletschgletscher, Abb. 24) legen die O_J-Höhepunkte auf ca. 1200 bis 1300 (wie in England), ca. 1000 und auch schon ca. 750, die P_J-Tiefpunkte auf ca. 1350 (P_{J2}), 1620 (P_{J4}) und 1850 (P_{J5}). Vor dem »Mittelalterlichen Klimaoptimum« (O_J) ist das sog. »Pessimum der Völkerwanderungszeit« (P_I) zu erkennen, wobei aber unklar ist, ob die relativ kalte Unterepoche um 850 die letzte Phase von P_I oder aber die erste »kalte Unterbrechung« von O_J war (Abb. 24).

Lamb (1977) nennt die Zeitspanne ca. 1200 bis 1400, den Übergang von O_J zu P_J, die »Klimawende« des späten Mittelalters. Sie war neben den regional und zeitlich nicht genau fixierbaren und wohl auch uneinheitlichen Abkühlungsvorgängen unter anderem auch durch erhöhte Sturm- und Sturmfluttätigkeit im Bereich der deutsch-holländisch-englischen Küste gekennzeichnet, wobei diese zum Teil katastrophalen Sturmfluten aber bereits im 11. Jahrhundert begannen und im 13. Jahrhundert die größte bekannte Häufigkeit der letzten 2000 Jahre erreichten. Überliefert sind unter anderem 1099 eine Sturmflut mit angeblich 100000 Toten in Holland und England, 1212 eine dreimal so hohe Zahl von Toten in Holland, 1218 Entstehung des Jadebusens, 1287 der Zuyder See und 1362 Entstehung eines Großteils der Friesischen Inseln durch Abtrennung vom Festland, mit dem sie bis damals noch verbunden waren. Lamb (1977) schreibt auch, daß in der Zeit 1313 bis 1317 ganz Europa von kalten Sommern mit entsprechenden Mißernten heimgesucht wurde. Er führt den Bevölkerungsrückgang, der in England zwischen 1300 und 1327 ein Drittel ausmachte, mehr auf diese Begleitumstände der »Klimawende« als auf die zu jener Zeit um sich greifende Pest zurück. Generell stehen sicherlich soziale Unruhen, Landflucht und der Anstoß zu Entdeckungsreisen in andere Erdteile, wo man sich ein besseres Klima und folglich bessere Lebensbedingungen erhoffte, mit der Klimawende im Zusammenhang. Ähnliches gilt für die Bauernkriege in Deutschland oder die Auswanderungswellen in die neu entdeckten Länder während der Kleinen Eiszeit. Tabelle 7, die eine Übersicht des Klimas seit 10000 Jahren vor heute enthält, ist daher mit einigen historischen Vergleichsdaten kombiniert, was aber selbstverständlich nicht heißen soll, daß diese sozialen Vorgänge allein von Klimaänderungen ausgelöst worden sind. Es soll nur auf einige Parallelen und einen möglichen partiellen Einfluß der Klimavorgänge hingewiesen werden. Die Ereignisse der »Klimawende« sind auch deswegen so markant, weil sie im Kontrast zum »Mittelalterlichen Klimaoptimum« (OJ) gesehen werden müssen, wo z. B. die Jahresmitteltemperaturen in England 1 bis 1,5°C höher als heute gewesen sein müssen, was u. a. Weinanbau in England bis zu 500 km nordwärts, von der Kanalküste aus gesehen, ermöglichte.

Für die Zeitspanne 800 bis 1000 n. Chr. beschreiben Dansgaard et. al. (1975) sehr eindrucksvoll die Realität einiger in Abb. 23 indirekt erfaßter Klimaschwankungen und ihre Auswirkungen auf Wirtschaft und soziales Gefüge der Menschheit. Dabei wird, der normannischen Landnam-Sage (um 1200) folgend, vom norwegischen Siedler Floke Vilgerdson berichtet, der um 865 den Versuch unternahm, in Island eine Siedlung zu errichten. Unglücklicherweise fiel dieses Vorhaben in eine kalte Klimaepoche (Abb. 23, Crête), und Vilgerdson gab sein Vorhaben in einem besonders kalten Winter auf. Dem Land gab er angesichts »eines Fjordes voller Eis« den Namen Eisland (= Island) und kehrte nach Norwegen zurück. Nur wenige Jahre später, 874, hatte Ingolf Arnarson beim gleichen Vorhaben Erfolg. Viele folgten

Tabelle 7. Übersicht der Klimaänderungen der Neo-Warmzeit (Holozän, nach dem Ende der letzten Kaltzeit), Nordhemisphäre, insbesondere Europa. Die neben der Zeitskala (*links*) angebrachten Balken dienen der groben thermischen Charakterisierung; *leer* warm, *ausgefüllt* (schwarz) kalt, *schraffiert* Übergang. Die Zuordnung geschichtlicher Daten ist zunächst nur aus formalen Gesichtspunkten geschehen. (Frakes 1979; Lamb 1977; Schwarzbach 1974; dtv-Atlas zur Weltgeschichte 1966).

Jahr	Kurze Kennzeichnung des Klimas	Auswahl geschichtlicher Daten (Abendland)
1950	»*Modernes Optimum*«: jüngste Warmepoche um die Mitte des 20. Jahrhunderts, relativ trocken.	1945 Ende des 2. Weltkrieges.
1850		
1750		1789 Französische Revolution (Ende des absolutistischen Zeitalters).
1650	»*Kleine Eiszeit*«: Kaltepoche, Jahresmitteltemperatur in Europa ca. 1° C tiefer als heute, insbesondere strenge Winter, jedoch auch ausgeprägte Schwankungen; gegen Ende sehr trocken; verbreitete Gletschervorstöße.	1661–1715 Regierungszeit Ludwig XIV. »Sonnenkönig«
1550		1618–1648 Dreißigjähriger Krieg.
1450		1517 Luthers Thesen 1524/25 Bauernkrieg in Deutschland. 1492 Wiederentdeckung Amerikas durch Kolumbus, Beginn des Zeitalters der Entdeckungen und Auswanderungen.
1350	»*Klimawende*«: Übergang von der vorausgehenden Warmepoche zur »Kleinen Eiszeit«, markante Abkühlung, niederschlagsreich und Sturmhäufungen.	
1250		Ca. 1000–1254 Blütezeit des Deutschen Reiches unter den Stauferkaisern, 1152–1190 Friedrich I (Barbarossa), endend mit der Enthauptung Konradins 1268 in Neapel.
1150	»*Mittelalterliches Optimum*«: Warmepoche, Jahresmitteltemperaturen in Europa ca. 1–1,5° C höher als heute, damit noch wärmer als das »Moderne Optimum«, Weinanbau bis nach Nordwesteuropa (z. B. England), zunächst niederschlagsarm, später niederschlagsreich.	
1050		Ca. 800–1000 ausgedehnte Seefahrten der Normannen, dabei Besiedlung Islands und Grönlands, Entdeckung Amerikas.
950		

Tabelle 7. (Fortsetzung).

Jahr	Kurze Kennzeichnung des Klimas	Auswahl geschichtlicher Daten (Abendland)
850		768–814 Regierungszeit Karl des Großen, ausgehend vom Reich der Franken entsteht das Kaiserreich deutscher Nation.
750	»*Pessimum der Völkerwanderungszeit*«: Kühle und niederschlagsreiche Epoche, ca. 450–700 verbreitete Gletschervorstöße.	375–568 Germanische Völkerwanderung, die germanischen Stämme setzen sich nach Süden in Bewegung, kriegerische Zeit, dabei 410 Einnahme Roms durch die Westgoten.
650		
550		
450		
350		96–180 n. Chr. größte Ausdehnung des Römischen Reiches, vorbildliche staatliche Organisation (Ausbau der Verkehrswege, Entwicklung der Rechtsbegriffe, u. a.).
250	»*Optimum der Römerzeit*«: ähnlich warm oder noch wärmer als das »Mittelalterliche Optimum«, einige Alpenübergänge auch im Winter frei; meist sehr niederschlagsreich, auch in Nordafrika, erst 300–400 n. Chr. trockener werdend.	31 v. Chr.–14 n. Chr. Regierungszeit von Augustus
150		218 Hannibal überschreitet in den Punischen Kriegen Pyrenäen und Alpen.
0		
200		Ca. 400–300 Hochstand der griechischen Kultur, jedoch viele kriegerische Auseinandersetzungen.
400		490–479 Verteidigung der griechischen Freiheit gegen die Perser.
600	Beginn des »*Subatlantik*«, »*Pessimum*« (»Hauptpessimum«): sehr ausgeprägte Kaltepoche, Jahresmitteltemperaturen in Europa ca. 1–2° C tiefer als heute, daher wahrscheinlich kälteste Epoche seit Ende der letzten Kaltzeit, insbesondere sehr kühle Sommer; zumeist niederschlagsreich; 1200–700 verbreitet große Gletschervorstöße.	750–550 Kolonisation der Griechen im Mittelmeerraum, keine nennenswerte Kultur in Mittel- und Nordeuropa.
800		
1000		1200–1000, z. T. bis ca. 700, Große Indogermanische Völkerwanderung nach Süden, dabei um 1150 »Dorische Einwanderung« in Griechenland, 1197–715 Ansturm der »Seevölker« gegen Ägypten.
1200		

Tabelle 7. (Fortsetzung).

Jahr	Kurze Kennzeichnung des Klimas	Auswahl geschichtlicher Daten (Abendland)
1400	*»Subboreal«*: überwiegend sehr warme Klimaepoche, zeitweise w.e zu Beginn des »Atlantik«, jedoch ausgeprägte Schwankungen; weniger niederschlagsreich als »Subatlantik«.	1554–1080 Neues Reich der Ägypter (18.–20. Dynastie,) beginnend mit Großmachtstellung und berühmten Herrschern (Thutmosis III 1490–1439, Echnaton 1365–1348, Ramses II 1289–1223), endend in kriegerischen Wirren. 1991–1650 Mittleres Reich der Ägypter (12.–13. Dynastie), Ägypten wird Großmacht im Ostmittelmeerraum, kulturelle Blüte.
1600		
1800		
2000		
2200	Zu Beginn des »Subboreal« (ca. 3500–2000) Kalteposche mit Gletschervorstößen, sog. *»Piora-Oszillation«*, nach den Klimarekonstruktionen jedoch nur um 2000 besonders ausgeprägt; anfangs niederschlagsarm, später Niederschlagszunahme.	Um 2000 ausgedehnte indogermanische Völkerwanderung nach Italien, Griechenland, Türkei, Babylonien, Indien u. a. 2635–2155 Altes Reich der Ägypter (3.–6. Dynastie), kultureller Aufschwung, Pyramidenbau.
2400		
2600		
2800		Um 3000 umfangreiche Einwanderungen verschiedener Völker von den zu Trockengebieten werdenden Regionen in die »Stromländer« (Ägypten, Mesopotamien) und feuchten Küstengebiete (Indien, China); dort entstehen die ersten »Hochkulturen«.
3000		
3500		

Tabelle 7. (Fortsetzung).

Jahr	Kurze Kennzeichnung des Klimas	Auswahl geschichtlicher Daten (Abendland)
4000 4500	*»Atlantik«*: wärmste Epoche seit der letzten Kaltzeit, daher »Optimum«, »Hauptoptimum« oder »Altitherum« genannt, insbesondere sehr milde Winter; in dieser Epoche verschwinden die letzten großen Eisschilde der vergangenen Kaltzeit: sehr niederschlagsreich, gegen Ende in dem Maße, daß in dieser Zeit ein »Pluvial« angenommen wird.	Auf die Zeit um 4000–3500 beziehen sich wahrscheinlich die historischen Berichte über die »Sintflut«.
5000 5500		
6000		6000–5000 Seßhaftwerden des Menschen, Ackerbau und Viehzucht setzen ein, erste Siedlungen und Kultbauten, verschiedene neolithische Kulturen entstehen (vielleicht bereits ab 8000).
6500	*»Boreal«*: im Sommer generell wärmer als heute, milde Winter, dazwischen jedoch einzelne Strengwinter; niederschlagsarm.	
7000 7500	*»Präboreal«*: Epoche, in welcher der endgültige Übergang von der letzten Kaltzeit zur Neo-Warmzeit angenommen wird, Sommer ähnlich warm wie heute, Winter jedoch noch sehr kalt; die großen kaltzeitlichen Eisschilde bestehen noch.	
8000		
8500 9000	*»Jüngere Dryaszeit«*: Kalteepoche, wird entweder als letzte Epoche der vorangehenden Kaltzeit oder als Kälterückfall während des Übergangs zur Neo-Warmzeit angesehen; *»Allerödzeit«*: Epoche des beginnenden Übergangs von der letzten Kaltzeit zur Neo-Warmzeit, deren mittleres Temperaturniveau jedoch noch nicht erreicht wird; daher auch als Warmepoche (letzte) der letzten Kaltzeit angesehen.	
9500		
10 000		Um 10 000 Mensch als Jäger und Sammler, Höhlenwohnungen, erste Werkzeuge.

ihm und um 930 war unter der Gunst des warmen Klimas die isländische Landnahme abgeschlossen.

In die Zeitspanne einer warmen Klimaepoche fiel auch die Entdeckung eines neuen Landes westlich von Island durch Erik den Roten im Jahr 982. Wegen seiner blühenden Vegetation nannte er es Grünland (Grönland). So sind offenbar Klimaschwankungen der Grund dafür, daß Island und Grönland die umgekehrten Namen erhalten haben, als sie aus heutiger Sicht – d. h. bei Klimavergleich zur gleichen Zeit – haben müßten. Es gilt als sicher, daß die Normannen in dieser Zeit günstiger Klimabedingungen mit geringer Treibeistätigkeit auf dem nördlichen Seeweg (über Island und Grönland) bereits Nordamerika erreicht haben.

Die sich zwischen ca. 1200 und 1400 rapide verschlechternden Klimabedingungen (Klimawende) brachten das katastrophale Ende der normannischen Siedlungen in Grönland mit sich. So war auch für Columbus (1492) bei seiner Wiederentdeckung Amerikas die nördliche Seeroute überhaupt nicht möglich. Die kalten Winter der dann folgenden »Kleinen Eiszeit« (PJ4, PJ5) kommen im übrigen auch in vielen Gemälden und Volksliedern zum Ausdruck. Dieser Exkurs von der Klimageschichte in die Siedlungs- und Kulturgeschichte der Menschheit beweist wiederum, daß die Untersuchung der Klimaschwankungen nicht nur ein Auf und Ab der Klimakurven bedeutet, sondern auch mit dem Auf und Ab des Wohlergehens der Menschheit eng verknüpft ist.

Der Niederschlag weist naturgemäß starke regionale Unterschiede auf und läßt sich daher kaum für eine so lange Epoche wie das letzte Jahrtausend hemisphärisch oder sogar global zusammenfassend charakterisieren. Wie aus Tabelle 7 zu ersehen ist, war das »Pessimum der Völkerwanderungszeit« (PJ) nicht nur kühl, sondern – soweit sich hier generelle Aussagen überhaupt treffen lassen – auch niederschlagsreich. Was das darauf folgende »Mittelalterliche Klimaoptimum« (OJ) betrifft, so war es anfangs offenbar sehr niederschlagsarm, so daß z. B. der Kaspi-See (GUS) um 800, zuvor allerdings auch schon um 300, seinen tiefsten Stand des letzten Jahrtausends erreichte. Dagegen lag seine Spiegelhöhe um 1400, am Ende der »Klimawende«, ca. 8 Meter höher als heute. Auch die spätere Phase des mittelalterlichen Optimums war sehr niederschlagsreich. Dieses warmfeuchte Klima, wie es z. B. für Nord- und Mitteleuropas in jener Zeit belegt ist, schuf optimale Bedingungen für die Landwirtschaft in diesen Gebieten. In Italien dagegen lagen die Verhältnisse anders. So wie sich die polare Zone bei insgesamt hohem Temperaturniveau nach Norden zurückgezogen hatte, so dehnte sich auch die subtropische Trockenzone nach Norden aus und erreichte das Mittelmeergebiet. Das brachte für Italien zwar ein wärmeres, wegen der Niederschlagsarmut aber sicherlich kein optimales Klima, was wiederum auf die Gefahr einer Fehldeutung des klimatologischen Begriffs »Optimum« hindeutet.

Schließlich erlaubt die Rekonstruktion der Spiegelhöhe des freien Weltmeeres Hinweise darauf, ob es sich bei den hier beschriebenen Klimaepochen um weitgehend globale Effekte gehandelt haben kann oder nicht. Dies scheint wahrscheinlich zu sein, denn zwischen 600 und 800 n. Chr. lag der Meeresspiegel um einen halben Meter tiefer als heute, was mit dem Befund eines kalten Klimas um diese Zeit (»Pessimum der Völkerwanderungszeit«, PJ) gut übereinstimmt. Ein relativ hoher Meeresspiegel läßt sich für die Zeit davor und um 900 bzw. 1200 bis 1300, zur Zeit des »mittelalterlichen Optimums« (OJ), belegen.

Die letzten 10000 Jahre

Mit der Betrachtung von Tabelle 7 sind wir bereits in den Überblick der letzten 10000 Jahre eingestiegen. Für die Temperatur geben Abb. 25 einen nordhemisphärisch gemittelten und Abb. 26 einen grönländischen Überblick (Eisbohrungen) mit der Fortsetzung der hier klimasystematisch benutzten Symbolik. Es handelt sich im wesentlichen um die Klimaepoche nach Ende der letzten Kaltzeit (»Eiszeit«), die daher auch »Nacheiszeit«, bzw. »Postglazial«, daneben auch »Neo-Warmzeit«, geologisch »Holozän« genannt wird. In Abb. 26 ist schon angedeutet, daß davor ein ganz wesentlich kälteres Klima geherrscht hat, nämlich die letzte »Kaltzeit« (»Würm-Eiszeit«).

Zumindest die letzten 7000 bis 8000 Jahre vermitteln uns aber noch das Bild des Auf- und Abwogens der Klimakurve. Bei dem hier gewählten Zeitmaßstab schrumpft die »Kleine Eiszeit« (P_J) allerdings zu einem einzigen »Tal« dieser Klimakurve zusammen. Aus dem mittelalterlichen Optimum wird entsprechend ein zusammenhängender »Berg« (O_J).

Vor dem »mittelalterlichen Klimaoptimum« (O_J) und dem ebenfalls schon besprochenen kalten Klima P_I hat es zwischen 300 v. Chr. und 400 n. Chr. eine ähnlich warme Klimaepoche wie O_J gegeben, das sog. Klimaoptimum der Römerzeit (kurz Optimum der Römerzeit). Damals bestand ein so warmes Klima, daß in den Alpen dort Bergbau betrieben werden konnte, wo heute Dauerfrost herrscht. Einige Alpenübergänge waren wahrscheinlich den ganzen Winter über passierbar, was den Römern bei der Verwaltung ihrer transalpinen Provinzen sicher sehr zustatten kam, allerdings auch Hannibal bei seinem Alpenübergang im Verlauf der »Punischen Kriege« gegen das Römische Reich (218 v. Chr.). Im Gegensatz zum

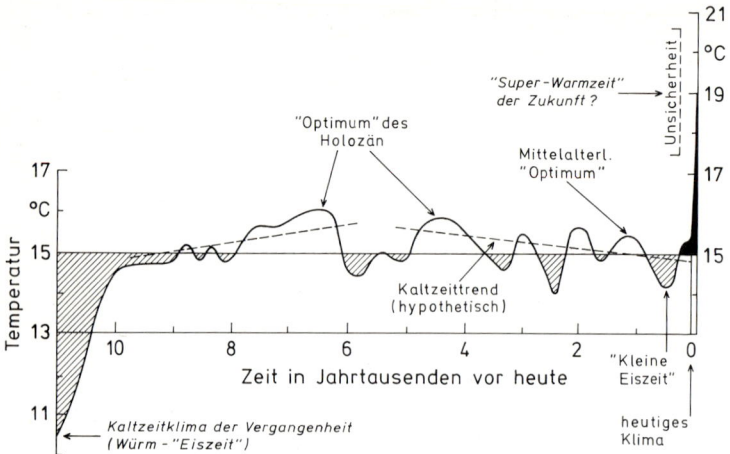

Abb. 25. Rekonstruktion der Variationen der bodennahen nordhemisphärischen Mitteltemperatur in den letzten 10000 Jahren, stark geglättet, mit Angabe der Namen von einigen Klimaepochen und *gestrichelt* eingezeichnetem Kaltzeittrend. Am rechten Rand ist außerdem die Prognose (künftige 100 Jahre) einer anthropogenen Superwarmzeit angedeutet. (Nach Schönwiese 1994a).

mittelalterlichen Optimum war es im Optimum der Römerzeit zunächst niederschlagsreich, dies offenbar auch in den landwirtschaftlich genutzten Nordafrika-Provinzen des Römischen Reiches, und erst ca. 300 bis 400 n. Chr. wesentlich trockener.

Die kälteste Epoche der hier erfaßten Zeitspanne ist wohl vor ca. 2000 bis 2500 Jahren eingetreten, das »Hauptpessimum« (P_H) des Holozän; der Unterschied zu P_I und P_J ist allerdings nicht groß, und regional könnte auch eine andere Rangfolge gelten. Nordhemisphärisch gemittelt zeigen sich P_H und P_J in etwa gleich ausgeprägt, P_H vielleicht ein wenig kälter. Davor, d. h. vor P_H, liegt das eigentliche Klimaoptimum der letzten 10000 Jahre, das »postglaziale Optimum« (großes Optimum, Altither-

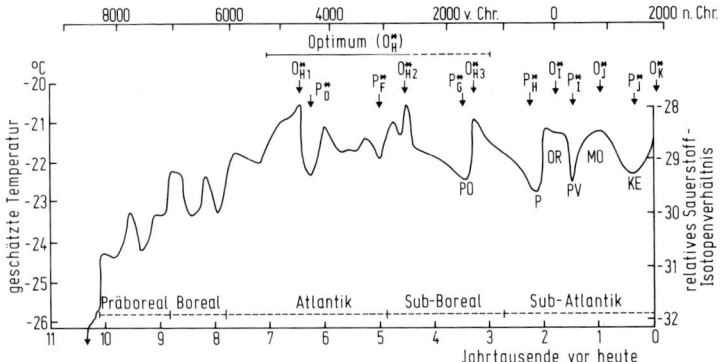

Abb. 26. Temperaturänderungen der letzten 10000 Jahre, abgeschätzt nach der Sauerstoffisotopenmethode für den grönländischen Eisbohrkern ca. mp Century. Außer den Abkürzungen für relativ warme (O) und relativ kalte (P) Klimaepochen sind unterhalb der Kurve folgende Abkürzungen benutzt: PO Höhepunkt der Piora-Oszilation; P Hauptpessimum; OR Optimum der Römerzeit; PV Pessimum der Völkerwanderungszeit; MO Mittelalterliches Optimum; KE Kleine Eiszeit. Hierzu wie zu den Klimaepochen Präboreal bis Subatlantik s. auch Tabelle 7. (Nach Dansgaard et al. 1969; verändert und ergänzt).

mum). Es ist in Abb. 25 und 26 mit drei wesentlichen Höhepunkten (O_{H1}, O_{H2}, O_{H3}) zu erkennen, obwohl ihm wahrscheinlich nur die beiden früheren relativen Maxima, O_{H1} vor ca. 6000 bis 7000 Jahren und O_{H2} vor ca. 4000 bis 5000 Jahren zugerechnet werden dürfen. Die kalte Epoche zwischen O_{H2} und O_{H3}, in Abb. 26 mit P_G bezeichnet, wird auch »Piora-Oszillation« genannt.

Es kann nicht verwundern, daß über die vorchristlichen Jahrtausende weit weniger historische Befunde, dies auch über die Konsequenzen der Klimaänderungen, vorliegen als für die Zeit danach. In Zusammenhang mit Abb. 25 und 26 und den dort verwendeten Symbolen soll daher nur noch auf die Begriffe »Sub-Atlantik« usw.

hingewiesen werden, die in Tabelle 7 nun zur weiter zurückreichenden Klimacharakteristik und den weiterhin vorgenommenen historischen Vergleichen dienen sollen. Danach fallen P_H und P_I, aber auch O_I, in den Beginn des »Sub-Atlantik« (was aber mit der Entstehung des Atlantischen Ozeans nichts zu tun hat), wobei – ähnlich P_I – auch innerhalb des »Hauptpessimums« (P_H) eine Völkerwanderung stattgefunden hat, in diesem Fall die Indogermanische Völkerwanderung. Besonders hervorzuheben ist schließlich noch die »Jüngere Tundrenzeit«, unmittelbar vor dem »Präboreal«, die als eine Art Kälterückfall innerhalb des Kalt-/Warmzeitübergangs aufzufassen ist. Diese Epoche wird in der englischsprachigen Literatur »Younger Dryas«, d. h. »Jüngere Dryaszeit« genannt (vgl. Tabelle 7).

Die Würm-Kaltzeit

Die letzte Kaltzeit, häufig auch als »Eiszeit« bzw. Glazial bezeichnet, wird im deutschsprachigen Raum als Würm- (Süddeutschland, nach Penck und Brückner 1909, oder Weichsel- (Norddeutschland) Kaltzeit bezeichnet. Sie ist mit Hilfe vieler paläoklimatologischer Methoden genau rekonstruiert worden und daher auch im Detail gut bekannt. Im Vordergrund stehen dabei die Isotopenanalysen aus Eisbohrungen (vgl. Tabelle 4). Der von Schimper (1837, zit. nach Schwarzbach 1974) geprägte Name »Eiszeit« weist auf die in jener kalten Klimaepoche gegenüber heute enorm vergrößerte Eisbedeckung der Erde hin, wie sie aus Tabelle 8 und Abb. 27 hervorgeht. Diese Unterschiede haben sich vor allem auf der Nordhemisphäre abgespielt, wobei der Laurentidische Eisschild im Bereich des heutigen Kanada, verbunden mit dem heute noch existierenden grönländischen Eisschild, am auffälligsten ist. Die kaltzeitliche Eisbedeckung in Europa, nämlich in Skandinavien und

Tabelle 8. Übersicht der Eisgebiete der Erde im derzeitigen Zustand, bei den Flächenanteilen Vergleich mit dem Klimazustand während der Würm-Kaltzeit (Tiefpunkt vor ca. 18 000 Jahren). Das Meeresspiegeläquivalent gibt an, um welche Höhe der globale Meeresspiegel ansteigen würde, falls das entsprechende heutige Eisgebiet abschmilzt. (Nach Barry 1985; Houghton et al. 1990; u. a., kombiniert und verändert).

Region	Fläche in 10^6 km² Kaltzeit	Fläche in 10^6 km² heute	Volumen in 10^6 km³	Mittlere Dicke in km	Meeresspiegel- in m[a]
Antarktis	13,8	12,0	29,3	2,5	65
Grönland	2,3	1,7	3,0	1,6	7
Australien/Neuseeland	0,03				
Südamerika	2,3				
Nordamerika	13,4				
Skandinavien/Großbritannien	6,7	0,6[b]	0,1[b]	0,2[b]	0,4[b]
Alpen	0,04				
Asien	4,0				
Rest	1,8				
Summe	44,4	14,3	32,4		72,4

[a] Meeresspiegelanstieg im Fall eines Abschmelzens; BARRY (1985) gibt anstelle der hier genannten IPCC-Zahlen (HOUGHTON et al. 1990) eine Summe von ca. 80 m an.
[b] Summe aller extrapolaren Gebirgsgletscher.

England (auch Alpen, Pyrenäen und Island), geht deutlicher aus einer in Abb. 28 wiedergegebenen, schon älteren Rekonstruktion hervor. Dabei sind aber lediglich die Temperaturangaben unsicher, während das Ausmaß der Eisbedeckung mit neueren Untersuchungen übereinstimmt (u. a. Frenzel et al. 1992). Die kaltzeitliche Eisbedeckung Asiens (vgl. Abb. 27) wird heute meist großräumiger angenommen als in der früheren Rekonstruktionen (Kuhle 1988).

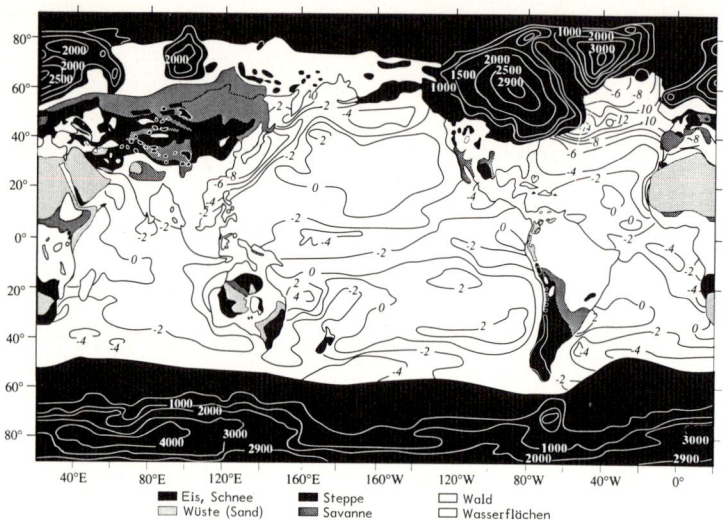

Abb. 27. Rekonstruktion der globalen Klimabedingungen im August vor 1800 Jahren, zum letzten Tiefpunkt der Würm-Kaltzeit (Hochglazial C). Dabei geben die Isolinien im Bereich der Ozeane die Abweichungen der Meeresoberflächentemperatur in Kelvin bzw. °Celsius von den heutigen Werten an. Die dunkel angelegten Bereiche sind Schnee- und Eisflächen mit Isolinien der Eisdicke in m. Schließlich sind Hinweise auf die Vegetation enthalten. (Nach CLIMAP 1976; hier in der Darstellung von Hartmann 1994).

Im nordhemisphärischen Mittel hat der Temperaturunterschied zwischen der Würm-Kaltzeit und der derzeitigen Warmzeit (Neo-Warmzeit) 4 bis 5°C betragen, wobei regional gesehen in den Tropen geringere, in mittleren und hohen Breiten der Nordhemisphäre aber zum Teil deutlich größere Unterschiede anzusetzen sind. Außerdem sind diese Temperaturwerte vieljährig gemittelt und können daher nicht die jahreszeitlichen Gegebenheiten widerspiegeln. Es gibt aber viele Hinweise darauf, daß die Winterkontraste deutlich höher als die Sommer-

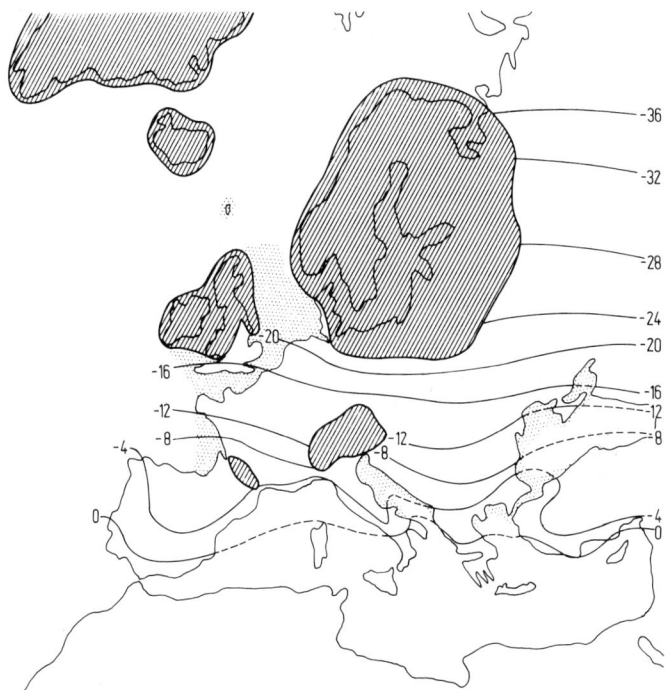

Abb. 28. Rekonstruktion der europäischen Klimabedingungen im Januar vor 18000 Jahren (Hochglazial C, vgl. Abb. 27), mit Isothermen in °C und Angabe der vergletscherten Regionen *(Schraffur)*. *Punktraster* bedeutet trocken gefallenen Meeresboden. (Nach Klute 1951 bzw. Thenius 1977; kombiniert und verändert).

kontraste waren (vgl. Abb. 27 und 28; Januar-Mitteltemperatur in Hamburg heute um 0°C, in der Kaltzeit möglicherweise um -20°C).

Die genannten Temperaturunterschiede haben jedenfalls dazu ausgereicht, die Eisbedeckung der Erde in ihrem Flächenanteil ungefähr zu verdreifachen (Tabelle 8). Das hatte gewaltige Konsequenzen. So war der Meeresspiegel gegenüber heute um ca. 135 m abgesunken, was beispielsweise große Teile der Nordsee verschwinden und eine Landverbindung zwischen England und Frankreich sowie Skandinavien entstehen ließ (vgl. Abb 28). Hat die Themse seinerzeit bestanden, so war sie ein Nebenfluß des Rheins. Die riesigen Eispanzer reichten bis vor die Tore des heutigen Hamburg und München. Ihre Bewegungen und schließlich ihr Rückzug beim Übergang zur Neo-Warmzeit (Holozän) haben ganze Landschaften geprägt. Die Moränen und Seen, u. a. im nördlichen und südlichen Voralpengebiet oder an der Grenze des heutigen Kanada und USA, belegen dies und sind daher noch heute Zeugen für die enormen Klimaänderungen jener Zeit. Auch sollte bei diesen Betrachtungen klar werden, daß noch so strenge Winter unserer modernen Zeit (z. B. 1962/63) sich an den Klimabedingungen einer Kaltzeit nicht messen lassen.

Es wäre nun aber falsch, sich eine Kaltzeit als eine einheitlich kalte Epoche vorzustellen. Die früheren wie die neuesten Eisbohrkonstruktionen weisen vielmehr auf weitaus heftigere überlagerte Klimaschwankungen hin, als das in der derzeitigen und somit offenbar bemerkenswert stabilen Warmzeit der Fall ist. Die Abb. 29 zeigt die nun schon klassische Temperaturrekonstruktion aus der Bohrung an der Station ca.mp Century in Grönland (Johnson et al. 1972), die seinerzeit großes Aufsehen erregt hat. Sie ist in Abb. 30 mit entsprechenden Ergeb-

---

Abb. 29. Temperaturänderungen der letzten 120000 Jahre, abgeschätzt nach der Sauerstoffisotopenmethode für die Eisbohrkerne ca.mp Century in Grönland, *(obere längere Kurve)* und Byrd Station in der Antarktis *(untere kürzere Kurve)*. Die Temperaturunterschiede zwischen der heutigen Warmzeit, der Würm-Kaltzeit und der vorangegangenen Eem-Warmzeit (deutlich ausgeprägtere Schwankungen als in der Neo-Warmzeit) sind gut zu erkennen.(Nach Johnsen, 1972; verändert und ergänzt).

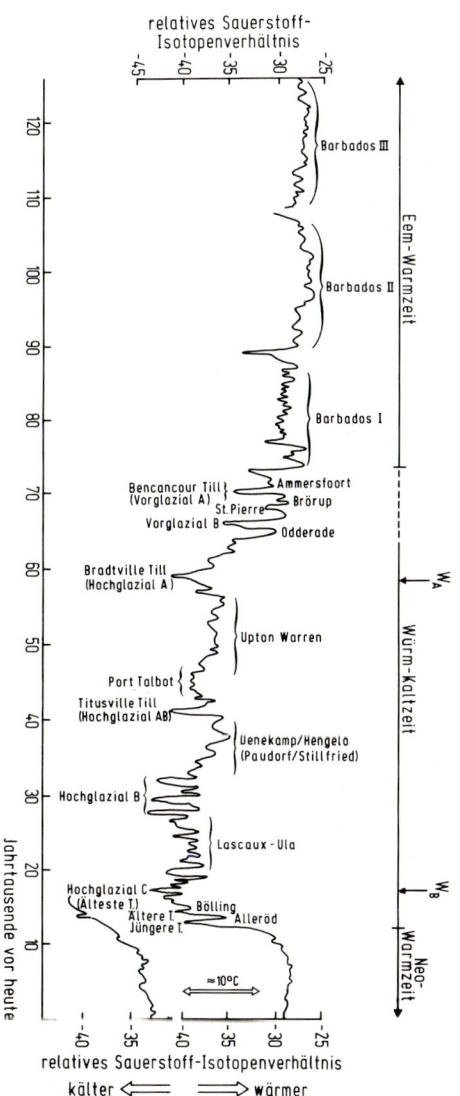

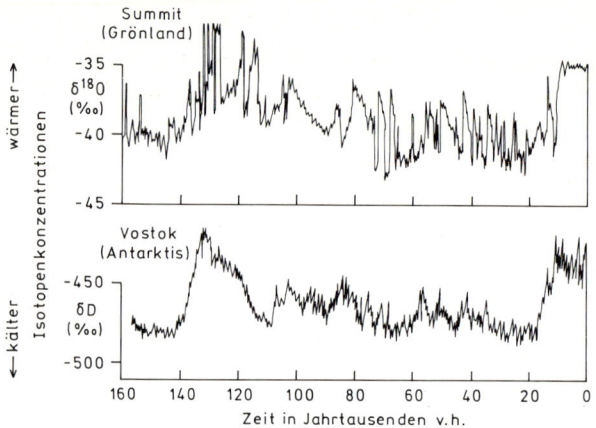

Abb. 30. Temperaturänderungen der letzten rund 160000 Jahre, abgeschätzt nach der Sauerstoffisotopenmethode für die Eisbohrkerne Summit (Grönland) und Vostock (Antarktis). Diese erst kürzlich vorgenommene Rekonstruktion unterscheidet sich in der Grobstruktur nur wenig von früheren Analysen; die Feinstruktur ist schwer interpretierbar. Die auffälligste neue Erkenntnis ist in den starken grönländischen Temperaturvariationen während der Eem-Warmzeit zu sehen. (Nach GRIP 1993; vereinfacht und modifiziert).

nissen verglichen, die man an den Stationen Summit, ebenfalls in Grönland, und Vostok (Antarktis) erhalten hat (GRIP 1993).

Dabei ist zunächst einmal beachtenswert, daß der Kaltzeit-/Warmzeitübergang einerseits sehr rasch abgelaufen ist; meist wird dafür die Zeit 11000 Jahre v. h. (vor heute) angegeben. Überlagert oder besser vorbereitet war er andererseits aber von überaus abrupten Änderungen. Heute ist deutlicher als früher erkannt, daß die sog. Alleröd-Zeit (Abb. 29 und 30), die man noch immer der letzten Kaltzeit zurechnen mag, schon fast Warmzeitniveau erreicht hatte, bevor die sog. Jüngere Tundren- oder

Dryas-Zeit kurzfristig wieder Kaltzeitbedingungen erzeugte. Wie rasch diese abrupten Änderungen tatsächlich verlaufen sind, ist auch heute noch nicht ganz klar. Die Schätzungen liegen bei Jahrzehnten bis Jahrhunderten (mit bemerkenswerten Unterschieden der beiden in nur rund 30 km Abstand vorgenommenen Eisbohrungen an der Station Summit).

Wegen dieser überlagerten Schwankungen, die übrigens im Fall relativ kalter Epochen (jeweils innerhalb einer Kaltzeit) »Stadiale« und im Fall relativ warmer Epochen »Interstadiale« heißen, ist der Beginn der letzten Kaltzeit wesentlich schwieriger festzulegen als ihr ziemlich abruptes Ende. Aus grönländischer Sicht wird dafür meist die Zeit um 75000 Jahre v. h. angegeben. Aus antarktischer Sicht (vgl. Abb. 30) könnte das aber auch wesentlich früher gewesen sein. In Abb. 29 sind im übrigen einige Namen für die Stadiale und Interstadiale angegeben, die aber hier – außer dem genannten Alleröd-Interstadial und dem Dryas-Stadial – nicht näher diskutiert werden sollen. Die Tiefpunkte, d. h. die kältesten Abschnitte (Stadiale) der Würm-Kaltzeit sind nordhemisphärisch gesehen in der Endphase (nach Abb. 30 bzw. 29 um 21000 Jahre v. h. bzw. 18000 Jahre v. h.) sowie in der Anfangsphase (um 70000 Jahre v. h. bzw. 60000 v. h.) eingetreten (Hochglazial C und A nach Abb. 29).

Eem-Warmzeit

Vor der Würm-Kaltzeit hat es eine Warmzeit ähnlich der heutigen (Neo-Warmzeit) gegeben hat, die im deutschsprachigen und niederländischen Raum den Namen Eem-Warmzeit trägt (vgl. Abb. 29 und 30). Ihr Höhepunkt ist offenbar vor ca. 130000 Jahren eingetreten; recht häufig wird auch 125000 Jahre v. h. angegeben.

Vieles spricht dafür, daß ihr Eintreten – ähnlich der Neo-Warmzeit vor 11000 Jahren – verhältnismäßig rasch vor sich gegangen ist, nämlich vor ca. 140000 bis 135000 Jahren. Dagegen ist ihr Ende nur schwer festlegbar, was natürlich eng mit der entsprechend schwer zu beantwortbaren Frage zusammenhängt, wann die Würm-Kaltzeit begonnen hat. Zudem treten auch immer wieder hemisphärische Unterschiede auf.

»Grönländisch« gesehen ist ein recht scharfer Übergang zu einer kälteren Epoche vor etwa 115000 Jahren auszumachen. Diese Zeitangabe gilt sogar – mit allerdings wesentlich allmählichem Übergang – auch aus antarktischer Sicht. Danach gibt es zwei Alternativen: eine Art »Spät-Eem-Zeit« mit noch relativ hohem Temperaturniveau, bis etwa 75000 Jahren v. h., dem Beginn der Würm-Kaltzeit; oder aber ein sehr früher Übergang zur Würm-Kaltzeit, die dann in ihrer frühen Zeit (ca. 115000 - 75000 Jahre v. h.) noch relativ warm war.

Viel wichtiger als diese zeitlichen Festlegungsversuche, die sich natürlich noch auf sehr viel mehr Datenquellen abstützen müssen als die hier diskutierte Abb. 29 und 30, ist aber die folgende Feststellung:

> Nordhemisphärisch muß die Eem-Warmzeit sehr viel instabiler gewesen sein als die Neo-Warmzeit, wie das Abb. 30 sehr deutlich zeigt. Kälterückfälle während der Eem-Zeit sind zwar schon seit Jahrzehnten bekannt und daher auch in Abb. 29 vermerkt. Das neuerdings rekonstruierte Ausmaß ist allerdings überraschend und führt zu der, leider derzeit nicht sicher beantwortbaren Frage, was die Ursache für diesen gravierenden Unterschied in der Charakteristik dieser beiden Warmzeiten sein mag. Ein weiterer, aber weitaus weniger ins Auge springender Unterschied besteht darin, daß die Eem-

Warmzeit etwas wärmer als die derzeitige (Neo-) Warmzeit gewesen ist. Im nordhemisphärischen und vieljährigen Mittel gilt dafür ein Unterschied von etwa 1°C als wahrscheinlich.

Quartäres Eiszeitalter

Wenn wir unseren Einblick in die Klimageschichte nun von den letzten rund 150000 Jahren auf die letzten 1 bis 2 Millionen Jahre erweitern, stellen wir aufregendes fest (Abb. 31 und 32): Die Würm-Kaltzeit ist kein einmaliges Ereignis gewesen, sondern vielmehr nur ein Glied in einer langen Kette ähnlicher Ereignisse, die in den letzten Jahrmillionen mindestens jeweils 20 Kalt- und dazwischenliegende Warmzeiten umfaßt, auch wenn seit ca. 0,85 bis 0,9 Millionen Jahren eine deutlich größere Amplitude und entsprechend kältere Tiefpunkte der Kaltzeiten in Abb. 32 erkennbar sind. Die Abb. 31 zeigt, daß diese »Temperaturwellen« trotz nicht unerheblicher quantitativer Unterschiede im Detail zeitlich doch überall auf der Welt recht synchron abgelaufen sind.

In dieser Zeitskala stützen sich die Klimarekonstruktionen zwar wieder nicht nur auf eine einzige Methode, vorwiegend aber auf die Sauerstoffisoptopenanalysen ab, die anhand ozeanischer Sedimentbohrungen (vgl. Tabelle 4) vorgenommen worden sind. Da diese Methode aber noch wesentlich weiter zurückreicht, muß erwähnt werden, daß mit Hilfe mancher dieser Bohrungen der Beginn des Kalt-/Warmzeit-Zyklus auf ca. 3 Millionen Jahre v. h. veranschlagt wird. Damit besteht eine Diskrepanz zwischen Geologen und Paläoklimatologen: Erstere lassen das Quartär vor etwa 1 oder allenfalls 1,5 Millionen Jahren beginnen, letztere eher vor 2 bis 3 Millionen Jahren.

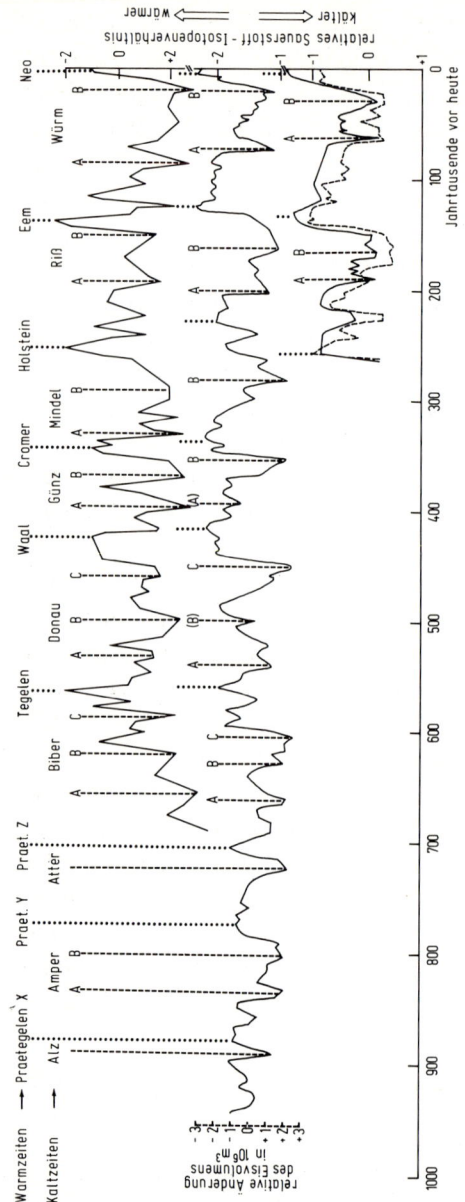

Für die letzten 0,5 Millionen Jahre bringt Tabelle 9 eine Übersicht der Nomenklatur der Kalt- und Warmzeiten, da regional unterschiedliche Bezeichnungen üblich sind. Die Zeitangaben sind dabei nur als grober Anhalt zu verstehen. Emiliani, einer der Pioniere der Tiefseesedimentbohrungen, hat Zahlenangaben eingeführt, die als sog. Emiliani-Stufen machmal angegeben werden (Emiliani u. Shackleton 1974). Dabei gehen die Kaltzeitnamen Würm, Riß, Mindel und Günz (allesamt sind deutsche Voralpenflüsse) auf Penck und Brückner zurück. Dies geschah übrigens in Zusammenhang mit einem Preisausschreiben der Sektion Breslau des Deutschen Alpenvereins, in dem der Frage nach der Existenz nur einer oder aber mehrerer »Eiszeiten« nachgegangen werden sollte. Graul u. Brunnacker (1962) fügten die Bezeichnungen Donau- und Biber-Kaltzeit hinzu.

Heute muß jedoch, angesichts der in Abb. 32 markierten 23 Kaltzeiten (tatsächlich sind es sogar noch etliche mehr) eher zu einer Durchnumerierung übergegangen werden. Ebenso ist es heute sinnvoller, um Verwechslungen zwischen den Begriffen »Eiszeit« und »Eiszeitalter« zu vermeiden, von »Kaltzeiten« innerhalb eines »Eiszeitalters« zu sprechen. Ein »Eiszeitalter« ist dann als eine Klimaepoche definiert, die – immer relativ gesehen – so kalt ist, daß Eisbildungen an der Erdoberfläche existieren können. Wie das folgende Kapitel zeigen wird, ist das keinesfalls selbstverständlich, wie wir angesichts des heutigen Klimazustandes (polare und montane

---

Abb. 31. Temperaturänderungen der letzten Jahrmillion, abgeschätzt nach der Sauerstoffisotopenmethode für verschiedene Tiefsee- und Landsedimentbohrkerne; *oben* Mittelmeergebiet, *Mitte* tropischer Pazifik, *unten* Südwestaustralien sowie *gestrichelt* Südostafrika. (Nach Shackleton 1974; Duplessy 1978; kombiniert und Nomenklatur ergänzt nach Schönwiese 1987).

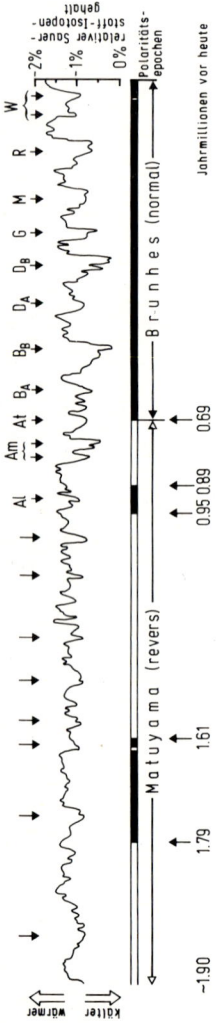

Abb. 32. Temperaturänderungen der letzten 2 Millionen Jahre, abgeschätzt nach der Isotopenmethode für einen Tiefseesedimentbohrkern des tropischen Pazifiks. Die *Pfeile* markieren die Kaltzeiten. Die ebenfalls angegebenen Umpolungen des Erdmagnetfeldes (vgl. auch Tabelle 5) haben mit diesen Veränderungen offenbar nichts zu tun. (Nach Shakleton 1977; Lamb 1977; kombiniert und umgezeichnet von Schönwiese 1987).

Tabelle 9. Übersicht der Nomenklatur- und Eintrittszeiten der Warm- und Kaltzeiten, letzte rund 500 000 Jahre. (Nach Frenzel 1967; Lamb 1972; Schwarzbach 1974; u.a., kombiniert und verändert; hier nach Schönwiese 1987).

Zeit in Jahrtausenden vor heute	Typisierung; W= Warmzeit K = Kaltzeit	Süddeutschland (Voralpenregion)	Norddeutschland, Niederlande	Großbritannien	GUS (ehem. Sowjetunion)	Nordamerika
11	W_1	Neo, Holozän[a]	Flandrische W.			
70	K_1	Würm	Weichsel	Devensian	Valdai	Wisconsin
125	W_2	Würm/Riß	Eem	Ipswich	Mikolino	Sangamon
200	K_2	Riß	Saale	Wolstonian	Moskva	Illinois
270	W_3	Mindel/Riß	Holstein	Hoxne	Likhvin	Yarmouth
320	K_3	Mindel	Elster	Anglian	-	Kansan
350	W_4	Günz/Mindel	Cromer	Cromer	Morosov	Afton
400	K_4	Günz	Menap	Baventian	Odessa	Nebraska
450	W_4	-	Waal			
500	K_5	Donau	Eburon			
	W_6	-	Tegelen			
	K_6	Biber				
	...					

[a]) Der geologische Begriff Holozän (engl. Holocene) ist allgemein üblich, geographisch Postglazial; die gesamte quartäre Zeit davor wird geologisch als Pleistozän bezeichnet (geographisch Glaziale für K und Interglaziale für W).

Eisgebiete) vermuten möchte. Das Wechselspiel der Kalt- und Warmzeiten hat daran prinzipiell nichts geändert, sondern »nur« die Ausdehnung der kontinentalen Eisgebiete und des Meereises variieren lassen.

Selbstverständlich haben die Klimavariationen des Quartären Eiszeitalters, in dem wir offenbar noch leben, nicht nur die Temperatur betroffen. Über die weiteren Klimaelemente ist in dieser Zeitskala jedoch weitaus weniger bekannt. Und was bekannt ist, ist wesentlich unsicherer. So hat man früher eine gewisse Korrelation in dem Sinn vermutet, daß Warmzeiten niederschlagsreicher und Kaltzeiten niederschlagsärmer gewesen seien. Aber das hat sich genauso wenig wie die Annahme systematischer Phasenverschiebungen zwischen Temperatur- und Niederschlagsschwankungen halten lassen. Daher ist in Analogie zum »Glazial« (Kaltzeit) der Begriff »Pluvial«, sozusagen Regenzeit, und analog zum »Interglazial« der Begriff »Interpluvial« eingeführt worden. Auch wenn man sich damit mehr oder weniger von der Temperatur abkoppelt, stellt sich weitergehend heraus, daß sich solche »Pluviale« und »Interpluviale« eher regional als global eingestellt haben. Wegen dieser Schwierigkeiten und ungelösten Probleme soll hier auf eine entsprechende Erörterung verzichtet werden, wohl wissend, daß z. B. in den Tropen enorme Änderungen der Niederschlagstätigkeit ablaufen können und abgelaufen sind.

Warmklima des Tertiärs und Mesozoikums

Seine besondere Bedeutung erlangt das Quartäre Eiszeitalter im Grunde erst dadurch, daß es in einer viele Millionen Jahre umfassenden Zeitspanne davor ein viel wärmeres Klima gegeben hat. Mit Ausnahme des Tertiärs, für das frühere Vorstellungen erheblich revidiert werden müssen, bedeutet das eine so hohe Temperatur, daß sich auf der Erdoberfläche kein Eis bilden konnte. Man spricht vom akryogenen, d. h. eisfreien Warmklima, das sich somit vom Klima der heutigen Neo-Warmzeit – die zum Quartären Eiszeitalter gehört – ganz wesentlich unterscheidet.

In der üblichen geologischen Zeitgliederung hat das Tertiär vor 65 Millionen Jahren begonnen. Es wird zusammen mit dem Quartär zum Neozoikum zusammengefaßt, während davor, genauer 225 bis 65 Millionen Jahre v. h., das Mesozoikum bestanden hat. Dieses Mesozoikum war im nordhemisphärischen und wohl auch globalen Mittel etwa 6 bis 8°C wärmer als das heutige Klima, in seiner Endphase sogar 8 bis 10°C, bevor bereits mit Beginn des Tertiärs eine markante Abkühlung einsetzte. Das Mesozoikum ist das Zeitalter riesiger tropischer Wälder und der Dinosaurier. Da jegliches Eis geschmolzen war, lag der Meeresspiegel ungefähr 80 m höher als heute. Obwohl dies alles als unbestreitbare Tatsache angesehen werden darf und aus der Geologie bzw. Paläontologie und Paläographie schon lange bekannt ist, sind genaue Rekonstruktionen des Klimas für diese Zeit eher Mangelware, da die Tiefseebohrungen – die ähnlich den Eisbohrungen noch gut quantifizierbare zeitliche Abläufe erkennen lassen (vgl. Tabelle 4) – gerade noch das Tertiär und nicht mehr die Zeit davor abdecken können.

Dafür ist aber in die Klimageschichte des Tertiärs viel Licht gebracht worden. Diese Epoche (in der geologischen Nomenklatur Formation) hat, ausgehend von einem sehr hohen Temperaturniveau, mit einer markanten Abkühlung begonnen, der neben anderen Tierarten auch die Dinosaurier zum Opfer fielen. Gerade über diesen Umstand und seine Verursachung ist viel spekuliert worden. Heute gilt es als wahrscheinlich, daß ein oder mehrere Meteoriteneinschläge so viel Stäube in die Atmosphäre freigesetzt haben, daß insbesondere stratosphärische Partikelanreicherungen für Abkühlungen in der unteren Atmosphäre gesorgt haben (näheres in Kap. 5).

Wohl noch wichtiger als diese Vorgänge ist die Tatsache, daß die Eisbildungen auf der Erdoberfläche nicht erst im Quartär – wie lange angenommen –, sondern schon mitten im Tertiär begonnen haben, allerdings nur auf der Südhemisphäre, nämlich im Bereich der Antarktis. Nach den für den Beginn des Tertiärs sowie für ca. 55 bis 50 Millionen Jahre v. h. belegten markanten Abkühlungen wird ein weiterer scharfer Temperaturrückgang um 38 Millionen Jahre v. h. in Zusammenhang mit dem Vereisungsbeginn auf der Antarktis gesehen. Damit war mit einem nordhemisphärisch gemittelten Temperaturniveau von ca. 3 bis 5°C über den heutigen Werten das mesozoische Niveau schon weit unterschritten. Trotzdem war es noch immer so warm, daß die Nordhemisphäre völlig eisfrei blieb. Dieses bemerkenswert asymmetrische Klima mit vereister Antarktis und eisfreier Arktis hatte für lange Zeit Bestand und änderte sich auch dann nicht, als die antarktischen Eismassen das Meer erreichten und vermutlich vor 14 bis 15 Millionen Jahren sich die Schelfeise bildeten. Darunter versteht man Eismassen, die auf das Meer hinausreichen, aber in Verbindung mit dem Landeis stehen, sowie es heute noch im Bereich der Westantarktis der Fall ist.

Die damit verbundenen weiteren Abkühlungen, die sich verstärkt ab ca. 5 Millionen Jahren v. h. fortgesetzt haben, führten dann relativ bald auch im arktischen Bereich zu Vereisungen. Eine genaue Zeitmarke dafür ist nicht bekannt, und vermutlich bestanden diese ersten Vereisungen zunächst nur im Winter. Der Beginn der permanenten nordhemisphärischen Vereisung (Grönland, Kanada, Tibet) wird auf ca. 3,2 Millionen Jahre v.

h. (Shackleton u. Opdyke 1973) oder vorsichtiger auf 2 bis 3 Millionen Jahre datiert; aus paläoklimatologischer Sicht der Beginn des Quartären Eiszeitalters. Auch damit war die Abkühlung aber noch nicht abgeschlossen, wie Abb. 32 gezeigt hat: Mit dem Temperaturübergang vor ca. 0,9 Millionen Jahren wird gelegentlich der Beginn der permanenten Packeisbedeckung des arktischen Ozeans gesehen.

Überblick seit der Existenz der Erde

Im nächsten und letzten Schritt dieser sehr groben Betrachtung der Klimageschichte Erde soll nun das Blickfeld zurück bis zur Entstehung der Erde geweitet und gleichzeitig ein Gesamtüberblick erreicht werden. Dabei erhebt sich nun die Frage, ob das Quartäre Eiszeitalter die einzige derart kalte Klimaepoche gewesen ist.

Die Antwort lautet: nein. Allerdings müssen wir 260 bis 290 Millionen Jahre zurückgehen, um wieder auf entsprechende Indizien zu stoßen. Es handelt sich um das Permokarbonische Eiszeitalter, das nach derzeitiger Erkenntnis aber nur auf der Südhemisphäre eingetreten ist, obwohl sich aus Abb. 33 ähnliche Temperaturgegebenheiten wie die des Quartären Eiszeitalters vermuten lassen. Man kann sich daher einen ähnlichen Klimazustand wie im Spättertiär vorstellen. Schon lange bekannte Befunde aus dem heutigen Brasilien (Rocha-ca.mpos 1967) weisen darauf hin, daß es mindestens 17 Kalt- und Warmzeiten innerhalb des Permokarbonischen Eiszeitalters gegeben hat, so daß die Annahme berechtigt ist, wonach dieser Kalt-/Warmzeitzyklus für alle Eiszeitalter typisch ist. Spuren permokarbonischer Vereisungen sind außer in Südamerika noch in Afrika, Indien, Australien und der Antarktis nach-

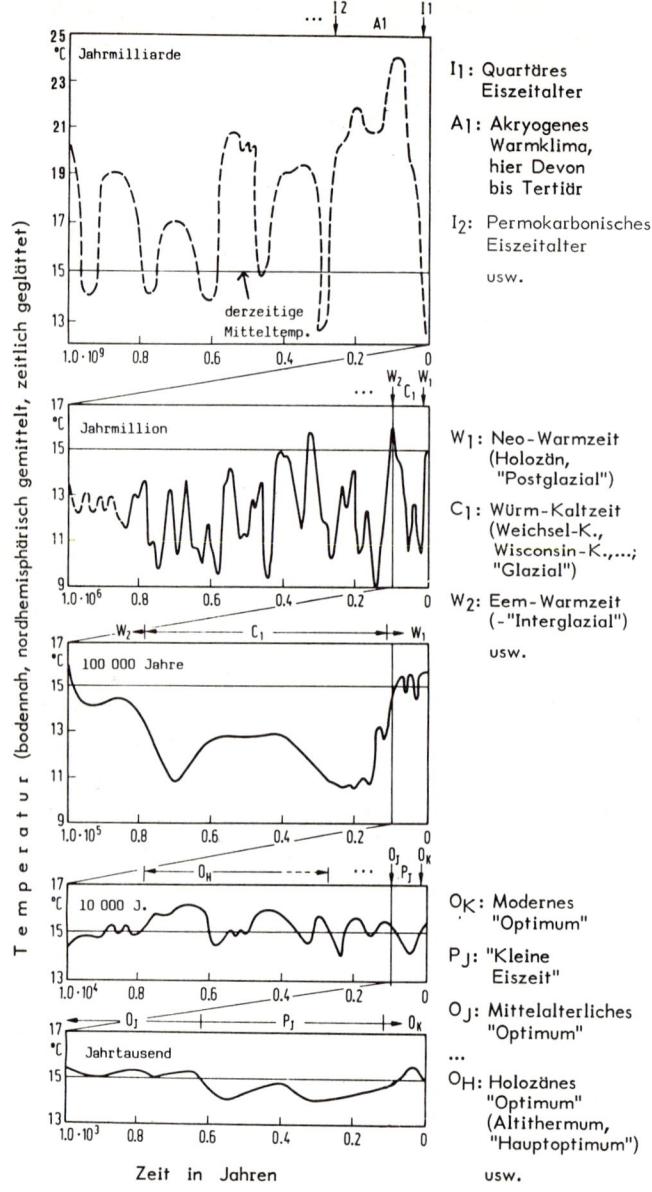

gewiesen. Die Begründung für diese regionale Verteilung wird sich überraschend klar im nächsten Kapitel ergeben.

Das um 450 Millionen Jahre v. h. eingetretene Silur-Ordovizische Eiszeitalter war weniger ausgeprägt und allem Anschein nach tatsächlich nur auf das Gebiet des heutigen Nordafrika beschränkt (somit ebenfalls nur hemisphärisch; Abb. 33). Dagegen gibt es für die beiden Eokambrischen Eiszeitalter, vermutlich um 650 bzw. 750 Millionen Jahren v. h., Vereisungsindizien in vielen Regionen beider Hemisphären. Die Liste, wie sie auch aus der zusammenfassenden Tabelle 10 hervorgeht, schließt mit dem Algonkischen (vor ca. 950 Jahrmillionen) und dem Archaischen Eiszeitalter (vor 2,3 Jahrmilliarden), wobei vor 3,8 Jahrmilliarden die Schallgrenze der paläoklimatologischen Rekonstruktion liegt und mit diesen frühen Zeiten die Informationen immer spärlicher und ungenauer werden.

Nach gängiger Vorstellung (Aslanjan 1977; Keppler 1990) ist die Erde vor 4,6 Milliarden Jahren entstanden und war zunächst so exzessiv heiß, daß weder Wasser, geschweige denn Eis auf der Erdoberfläche existieren konnten. Im Zuge der Abkühlung ist dann durch Kondensation von Wasserdampf und nicht mehr vollständig verdunstendem Niederschlagswasser beginnend um 3,2 Milliarden Jahre v. h. allmählich der Ozean entstanden. Und das Archaische Eiszeitalter (auch huronische Vereisung genannt) kann als die Geburt der Kryosphäre angesehen werden. Im Gegensatz zum Ozean ist sie aber immer wieder verschwunden. Und wie Abb. 33 zeigt,

Abb. 33. Übersicht der nordhemisphärisch gemittelten Temperaturänderungen in verschieden zeitlichen Größenordnungen von der letzten Jahrmilliarde (oben) bis zum letzten Jahrtausend (unten). (Zusammengestellt nach Primärquellen von Schonwiese 1994).

Tabelle 10. Übersicht der geologischen Gliederung der Erdgeschichte mit grober Charakteristik des Klimas. (Nach Frakes 1979; Lamb 1972; Schwarzbach 1974; u.a., kombiniert und verändert, hier nach Schönwiese 1994).

Zeit von 10^6a vor heute	Eon (Epoche)	Ära (Zeitalter)	Formation (Periode)		Klimacharakteristik (E = Eiszeitalter, W = akryogenes Warmklima)
	Phänerozoikum	Neozoikum (Känozoikum, Cenozoikum)	Quartär (Holozän seit 11 000 Jahren v.h., davor Pleistozän)	E	Quartäres Eiszeitalter, global
2–3					Im Holozän Neo-Warmzeit, davor Wechsel zwischen relativen Kalt- und Warmzeiten
			Tertiär (Subperioden: Pliozän ab 10, Miozän ab 25, Oligozän ab 40, Eozän ab 55, Paläozän ab 65 · 10^6a		Europa warm-feucht, im frühen Tertiär allmähliche, dann stärker einsetzende Abkühlung; in der zweiten Hälfte beginnende Vereisung der Südhemisphäre (Antarktis)
65		Mesozoikum	Kreide	W	In Europa warm-feucht
135			Jura		
190			Trias		In Europa warm-trocken
225					
280		Paläozoikum	Perm	E	Permokarbonisches Eiszeitalter, Südhemisphäre (Gondwana-Vereisung)
345			Karbon		
395			Devon	W	
430			Silur	E	Silur-Ordovizisches Eiszeitalter, hemisphärisch (besonders Nordafrika)
500			Ordovizium		
570			Kambrium	W	

Tabelle 10. (Fortsetzung).

Zeit von 10⁶a vor heute	Eon (Epoche)	Ära (Zeitalter)	Formation (Periode)	Klimacharakteristik (E = Eiszeitalter, W = akryogenes Warmklima)	
650	Proterozoikum	Präkambrium (Eozoikum)	(Eokambrium)		E	Eokambrisches Eiszeitalter I, wahrscheinlich global.
750				W	Eokambrisches Eiszeitalter II, wahrscheinlich global.
950			Algonkium	E	
2000				W	Algonkisches Eiszeitalter, vermutlich hemisphärisch (besonders Europa).
2300				W	
2600				E	Archaisches Eiszeitalter, vielleicht global (Huronische Eiszeit)
3800	Archaikum				
4600	Präarchaikum			W	Exzessiv warm

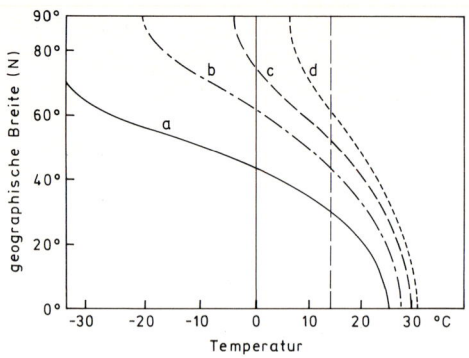

Abb. 34. Nord-Süd- (meridionale) Profile der bodennahen Lufttemperatur (Nordhemisphäre) für folgende Klimazustände: a Würm-Kaltzeit, b Warmzeit des derzeitigen Klimas, c Eem-Warmzeit, d akryogenes Warmklima (z. B. Kreidezeit, vgl. Tabelle 10). Man erkennt, daß die Nord-Süd-Kontraste (tropisches und polares Klima) um so geringer ausfallen, je wärmer das Klima insgesamt ist.

sind selbst in der letzten Jahrmilliarde Eiszeitalter gegenüber dem akryogenen Warmklima seltene Ereignisse gewesen, auch wenn sie jeweils einige Jahrmillionen gedauert haben.

Gegenwärtig leben wir innerhalb eines solchen relativ seltenen und relativ kalten Klimazustandes. Innerhalb dieses Eiszeitalters ist es aber mit der heutigen Neo-Warmzeit relativ warm, obwohl der Höhepunkt dieser Epoche schon vor einigen Jahrtausenden überschritten worden ist. Dagegen befinden wir uns mit Blick auf die letzten Jahrhunderte wieder in einer relativ warmen Klimaphase. In einem Satz: Die klimatologische Standortbestimmung ist angesichts der Vielfalt der zeitlichen Klimavariationen sehr relativ. Räumlich mag Abb. 34 schließlich als Anhalt dafür dienen, daß die meridionalen (Äquator-Pol-) Temperaturunterschiede um so ausgeprägter sind, je kälter der jeweilige Klimazustand ist.

5 Natürliche Ursachen von Klimaänderungen

Allgemeine Aspekte

Das Klima der Erde wird von der regional und jahreszeitlich variierenden Sonneneinstrahlung, den damit verbundenen Umsätzen von Energie an der Erdoberfläche sowie Atmosphäre und der davon angetriebenen atmosphärisch-ozeanischen Zirkulation gesteuert. Die Zirkulation ist ein dreidimensionaler Bewegungsvorgang, wie er sich beispielsweise in Meeresströmungen und Winden, aber auch atmosphärischen Absink- bzw. Hebungsvorgängen äußert. Im einzelnen sind diese Vorgänge sehr kompliziert und werden in entsprechend aufwendigen Modellrechnungen simuliert. Bevor darauf wenigstens in groben Umrissen eingegangen werden kann, sollen zunächst einige vereinfachte Überlegungen angestellt werden, die nur die großräumig gemittelten Vorgänge betreffen.

Dabei muß mit dem Ziel einer groben Übersicht zunächst an das in Kap. 1 vorgestellte Konzept des Klimasystems erinnert werden. Aus dieser Sicht gehört die genannte atmosphärisch-ozeanische Zirkulation zu den internen Wechselwirkungen des Klimasystems. Gerade bei Langzeitbetrachtungen, wie sie für die Klimatologie typisch sind, kann sich nun aber der Rahmen für die

Tabelle 11. Übersicht der wichtigsten möglichen Ursachen von Klimaänderungen. *Sterne* weisen auf interne Mechanismen des Klimasystems hin, die in Wechselwirkungen eingebunden und daher nicht unabhängig voneinander sind. *Kursiv* sind die Vorgänge, die in Konkurrenz zum anthropogenen »Treibhaus«-Effekt stehen. (Nach Schönwiese 1994).

Extraterrestrisch	Terrestrisch
Solarkonstante, langfristiger Trend	Kontinentaldrift
Solarkonstante, Variationen (durch Sonnenaktivität u. Pulsationen)	Orogenese
	Vulkanismus
Rotation der Milchstraße und kosmische Materie	*Waldbrände*
	Zusammensetzung der Atmosphäre*
Meteore und Meteoriten	
Mond	*Zirkulation der Atmosphäre**
Geizeitenkräfte allgemein (Wirkung auf Sonne und Erde)	*Zirkulation u. Salzgehalt des Ozeans**
	El Niño-Phänomen
	Eis- u. Schneebedeckung*
	Bewölkung*
	Vegetation*
	Autovariationen*
	anthropogene Einflüsse:
	»*Treibhauseffekt*«
	»*Stadtklima*«
	troposphär. Sulfat
	»*Ozonloch*«-Effekte
Orbitalparameter	
Rückkopplungen	

Zirkulationsvorgänge ändern, beispielsweise dadurch, daß sich die Land-Meer-Verteilung ändert oder Änderungen des Abstandes Sonne-Erde die Sonneneinstrahlung variieren lassen. In solchen Fällen spricht man von externen Einflüssen auf das Klimasystem, die als Nichtwechselwirkungen definiert sind und – wie die genannten Beispiele zeigen – terrestrisch (erdgebunden) oder extraterrestrisch sein können.

In Tabelle 11 sind nun die wichtigsten möglichen Ursachen von Klimaänderungen aufgelistet. Alle mit einem Stern gekennzeichneten Vorgänge gehören zu den internen Wechselwirkungen des Klimasystems und sind außerdem miteinander vernetzt, d. h. agieren im Zusammenspiel unter gewissen nichtlinearen gegenseitigen Abhängigkeiten. Die anthropogene Klimabeeinflussung, die im nächsten Kapitel erörtert wird, wird meist den externen Einflüssen auf das Klimasystem zugeordnet, was aber nicht unproblematisch ist.

Für das Verständnis der Klimageschichte ist weiterhin wichtig, daß sich für die meisten Ursachen von Klimaänderungen relativ eng begrenzte zeitliche Größenordnungen (charakteristische Zeiten, vgl. Kap. 1) angeben lassen, was die Zuordnung von Ursache und Klimaeffekt sehr erleichtert. Andererseits wird die Erklärung von Klimaänderungen durch diverse Rückkopplungen im (internen) Klimasystem, die bestimmte Effekte verstärken (positive Rückkopplung) bzw. abschwächen (negative Rückkopplung) können, sehr erschwert. Beispielsweise kann eine durch irgendeinen externen Einfluß bewirkte Abkühlung in bestimmten geographischen Breiten und Jahreszeiten den Schneeanteil am Niederschlag und eventuell die Eisausdehnung erhöhen, was wegen der verstärkten Reflexion von Sonneneinstrahlung (erhöhte Albedo) weitere Abkühlung hervorruft, wodurch der Schneeanteil im Niederschlag weiter erhöht wird usw.

(Eis-Albedo-Rückkopplung; positiv = verstärkend). Dagegen kann eine Erwärmung unter Umständen zu erhöhter Verdunstung an der Erdoberfläche und folglich zur verstärkten Wasserwolkenbildung führen, was einen Abkühlungseffekt hervorruft (Wasserwolkenrückkopplung; negativ = abschwächend). Im einzelnen besteht die Schwierigkeit darin, daß solche Rückkopplungen nur unter gewissen Randbedingungen ablaufen, sich gegenseitig überlagern und nur schwer quantitativ beschreibbar sind.

Schließlich sei, bevor auf einzelne Ursachen von Klimaänderungen eingegangen wird, noch der von Lorenz (1968) geprägte Begriff der Klimatransitivität erwähnt, der in der modernen Klimatologie eine wichtige Rolle spielt. Es ist klar, und u. a. durch Abb. 34 auch belegt, daß es in der Klimageschichte unterschiedliche Klimazustände gegeben hat und daß externe Einflüsse solche unterschiedlichen Zustände hervorrufen können. Ist es aber möglich, daß bei gleichem externen Einfluß, allein durch interne Autovariationen des Klimasystems, unterschiedliche Klimazustände eintreten? Und wenn ja, unter welchen Umständen und wie abrupt geht ein solcher Klimazustand in einen anderen über?

Lorenz unterscheidet

- das transitive Klima (Klimasystem), das bei konstanten externen Einflüssen nur einen stabilen Klimazustand kennt und bei Störungen des Gleichgewichtes diesen Zustand immer wieder anstrebt;
- das intransitive Klima (Klimasystem), das überhaupt keinen stabilen Klimazustand beinhaltet und daher bei Störungen jeden beliebigen anderen Zustand annehmen kann und in diesem verharrt;
- das fast-intransitive Klima (Klimasystem), das mehrere quasistabile Klimazustände aufweist, zeitweise in einem dieser Zustände verharrt – d. h. sich in-

transitiv verhält –, zeitweise jedoch aufgrund interner Umstellungen einen anderen ebenfalls quasistabilen Klimazustand anstrebt – d. h. sich transitiv verhält.

Nach allem, was man weiß, muß der noch nie eingetretene Klimazustand der total vereisten Erde als besonders stabil und somit transitiv angesehen werden. Das akryogene Warmklima scheint sich wesentlich stabiler zu verhalten als das Klima eines Eiszeitalters, in dem wir heute leben, auch wenn die derzeitige Warmzeit (vgl. Abb. 29, 30 und 33) einen relativ stabilen Eindruck macht, was aber für die Eem-Warmzeit offenbar nicht zutrifft. Lorenz selbst sieht es als am wahrscheinlichsten an, daß es sich beim derzeitigen Klima um einen fast-intransitiven Zustand handelt.

Sonneneinstrahlung und Strahlungsbilanz

Die Strahlung der Sonne ist bereits als wesentlicher Steuerungsmechanismus des Klimas bezeichnet worden. Und es scheint auch unmittelbar einsichtig, daß stärkere Sonneneinstrahlung ein wärmeres, schwächere ein kälteres Klima hervorrufen sollte. Diese Einsicht erweist sich zwar im weiteren als zu simpel, weil die Sonneneinstrahlung durch atmosphärische und ozeanische Vorgänge wesentlich modifiziert wird; für einige grobe Pauschalüberlegungen ist sie aber brauchbar.

Am fiktiven äußeren Rand der Erdatmosphäre beträgt – regional und jahreszeitlich gemittelt – die Sonneneinstrahlung rund 1370 Watt pro Quadratmeter. Daran ändert sich über die Jahrzehnte, Jahrhunderte und wahrscheinlich auch über noch längere Zeiträume so wenig,

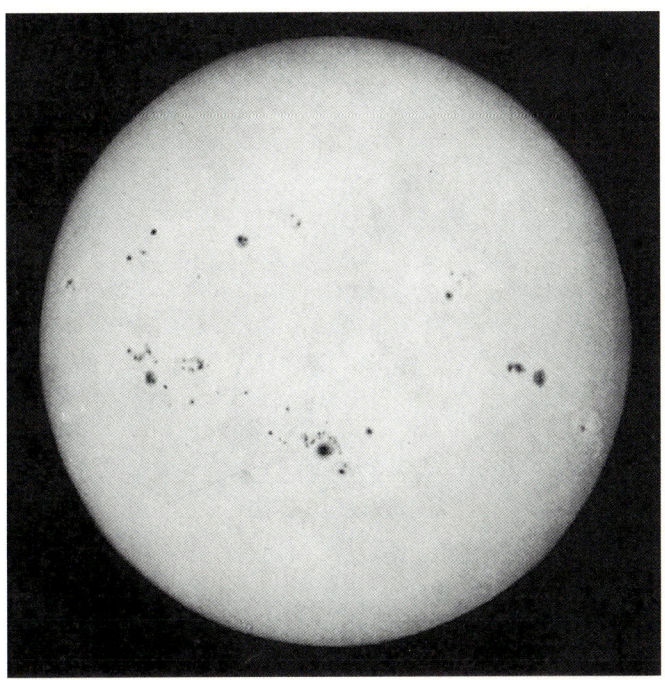

Abb. 35. Fernrohraufnahme der Sonne, die als dunkle und somit relativ kalte Bereiche der Photosphäre (sichtbare Sonnenoberfläche) die sog. Sonnenflecken erkennen läßt. Diese gelten als Indikatoren für die Unruhephasen der Sonne, in denen durch bestimmte Begleiterscheinungen wie Sonnenfackeln u.a. die Ausstrahlung der Sonne etwas erhöht ist. (Nach Kiepenheuer 1957).

daß man von der Solarkonstanten spricht. Die lange Zeit umstrittene Sonnenaktivität scheint aber doch einen Einfluß auf das Klima zu haben, wenn auch einen relativ kleinen.

Unter Sonnenaktivität versteht man zu gewissen Zeiten verstärkte Sonnenausstrahlung, die durch Sonnenfackeln, Protuberanzen u. ä. zustandekommt. Auffällige Begleiterscheinung dieser unruhigen Sonne ist das Auftre-

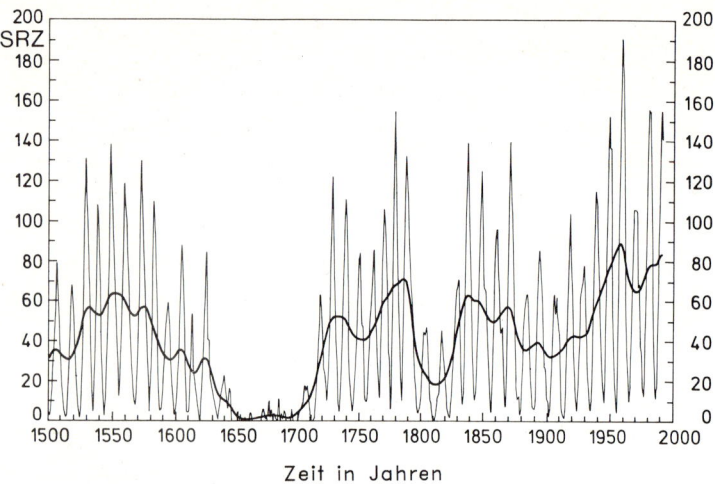

Abb. 36. Sonnenfleckenrelativzahlen, Jahreswerte 1500 bis 1992 und 30jährige Glättung. (Ab 1610 nach Waldmeier 1961 aufgrund von Fernrohrbeobachtungen, ergänzt; davor Rekonstruktion von Schove 1983).

ten dunkler Gebiete auf der sichtbaren Sonnenoberfläche, der Photosphäre. Diese Sonnenflecken (Abb. 35), die schon seit der Erfindung des Fernrohres bekannt, regelmäßig beobachtet und als Sonnenflecken-Relativzahlen seit 1610 dokumentiert sind (Abb. 36), stellen relative Kältegebiete auf der Sonnenoberfläche dar und haben selbst praktisch keinen Einfluß auf das Klima. Sie werden offenbar durch die anderen genannten Phänomene überkompensiert, so daß nach den extraterrestrischen (besser extraatmosphärischen) Satellitenmessungen eine Variation der Solarkonstanten in der Größenordnung von rund 0,1 % in enger Korrelation mit den Sonnenfleckenrelativzahlen nachgewiesen ist.

Wenn man das auf mögliche Variationen hochgerechnet, die seit der Aufzeichnung der Sonnenfleckenrelativzahlen aufgetreten sein könnten, so ergibt sich maximal das Zwei- bis Dreifache des oben angegebenen Wertes. Das könnte nach Klimamodellrechnungen Variationen der bodennahen Erdmitteltemperatur in der Größenordnung von wenigen Zehntel Grad hervorrufen. Da solche Variationen auftreten (vgl. Abb. 15) und durch Rückkopplungsmechanismen vielleicht sogar aufgeschaukelt werden, sollte man solche solaren Einflüsse auf das Klima durchaus beachten, auf der anderen Seite aber auch nicht überbewerten.

Dabei scheint weniger der auffällige quasi-elfjährige Zyklus (Abb. 36) von Bedeutung zu sein, auch nicht die Variation dieser Zykluslänge, sondern vielmehr die längerfristige Variation der Sonnenaktivität. Beispielsweise gibt es ernst zu nehmende Hinweise darauf, daß die Sonnenaktivität bei den Klimaschwankungen der letzten rund 1000 Jahre (Mittelalterliches Klimaoptimum, Kleine Eiszeit; vgl. Abb. 22 und 33) eine Rolle gespielt haben könnte (Mikami 1992). Alternative solare Hypothesen wie z. B. die Hypothese der Sonnendurchmesseroszillationen (mit Perioden von 11, 22 und 76 Jahren; Gilliland 1982), sind noch mehr umstritten und sollen daher hier nicht behandelt werden.

Wie die Beispiele von Tages- und Jahresgang zeigen, sind jedoch indirekte Änderungen der Sonneneinstrahlung viel wirksamer als die oben besprochenen Phänomene. Dabei entsteht der Tagesgang der Temperatur und anderer Klimaelemente bekanntlich durch die Erdrotation, der Jahresgang durch den Umlauf der Sonne um die Erde in Verbindung mit der Neigung der Erdachse gegenüber der Ebene der Erdumlaufbahn. Wie in Abb. 37 schematisch dargestellt, wird dadurch einmal mehr die Nordhalbkugel (Nordsommer, Südwinter) und dann mehr die Südhalbkugel (Nordwinter, Südsommer) von der Sonneneinstrahlung erfaßt. Die elliptische Umlaufbahn der

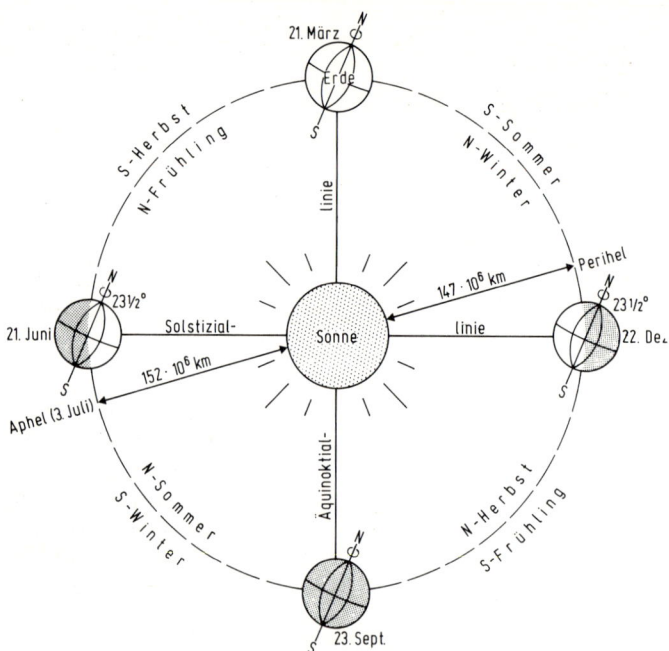

Abb. 37. Erklärungen der Jahreszeiten anhand des Erdumlaufs um die Sonne und der dabei wirksamen Erdachsenneigung gegenüber der Ebene der Umlaufbahn (Ekliptik). Außerdem sind Aphel und Perihel der leicht elliptischen Umlaufbahn angegeben (in Orientierung an Weischet 1991).

Erde (vgl. Perihel = sonnennächsten und Aphel = sonnenfernsten Punkt in Abb. 37) spielt nur über geologische Zeiträume hinweg eine Rolle für das Klima. Tatsache ist jedoch auch, daß über Jahrmillionen hinweg die Strahlungskraft der Sonne zunimmt, so daß sich in einer entsprechend fernen Zukunft ein sehr heißes Klima einstellen wird.

Wichtig für uns ist, daß die Streu- und Absorptionsvorgänge in der Atmosphäre im Mittel nur ungefähr die Hälfte der Sonneneinstrahlung zur Erdoberfläche hin-

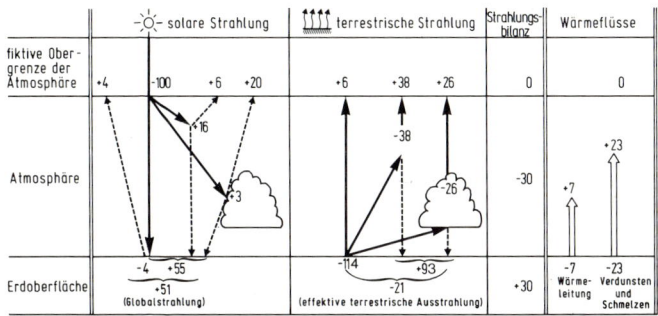

Abb. 38. Quantitative Übersicht der Strahlungs- und Wärmeflüsse für Atmosphäre und Erdoberfläche, zeitlich und örtlich gemittelt. Die *gestrichelten Pfeile* symbolisieren Strahlungsvorgänge, die auf Streuung und Reflektion beruhen. Alle Zahlenwerte in Prozent, wobei die an der fiktiven Obergrenze der Atmosphäre einfallende solare Strahlung gleich 100 % gesetzt ist (rund 1370 Wm^{-2}). (Nach Möller 1973; US GARP Committee 1975; verändert).

durchlassen (Abb. 38). Die Erde, die wie jeder Körper in Abhängigkeit von ihrer Temperatur Energie ausstrahlt, gewinnt durch diese Vorgänge einen Teil dieser Energie wieder zurück. Dieser »Treibhaus«-Effekt funktioniert allerdings wellenlängenabhängig und ist so bedeutungsvoll, daß er in einem eigenen Abschnitt besprochen werden soll. Ohne jahreszeitliche Differenzierung und weiterhin global gemittelt ergibt sich für die Erdoberfläche eine Bilanz aus solarer Einstrahlung und terrestrischer Ausstrahlung von 30 %. Da die Temperatur eigentlich von der Strahlungsbilanz und nicht direkt von der Sonneneinstrahlung gesteuert wird, bedeutet dies eine Heizung der Erdoberfläche. Die Atmosphäre wird durch kompensatorische Wärmeflüsse von unten nach oben geheizt – daher nimmt in der Troposphäre die Temperatur nach oben hin ab (vgl. Abb. 1) – und zwar durch Wärmeleitung (Fluß fühlbarer Wärme), weit mehr aber durch Verdunstung/Schmelzen an der Erdoberfläche sowie Kondensation/Gefrieren in der Atmosphäre (Fluß latenter Wärme, verbunden mit Wolken- und Niederschlagsbildung).

Für die atmosphärische und ozeanische Zirkulation stellen die regionalen Unterschiede der Sonneneinstrahlung und daher auch die Strahlungsbilanz der Erdoberfläche und Atmosphäre den eigentlichen Motor dar.

Erdbahnparameter

Änderungen der solaren Einstrahlung bzw. der Strahlungsbilanz der Erdoberfläche können auch auf indirekte Art und Weise zustande kommen, ohne daß dazu Änderungen der solaren Strahlung selbst notwendig sind, wie uns das vom Tagesgang und der Klimaelemente her bekannt ist. Beides sind jedoch Variationen, die nach den Definitionen von Kap. 1 nicht als Klimaschwankungen bezeichnet werden sollten.

Sie führen uns aber zu weiteren Variationen der Erdbahnparameter, die sich im Bereich sehr viel größerer charakteristischer Zeiten abspielen und schon von Milankovitch (1920) als Ursachen von Klimaschwankungen diskutiert worden sind. Dabei ist wichtig, daß die Erdumlaufbahn um die Sonne kein Kreis, sondern eine Ellipse ist, in deren einem Brennpunkt die Sonne steht. Im einzelnen handelt es sich bei den Variationen der Erdbahnparameter um

- die Variation des Datums von Perihel und Aphel, dem sonnennächsten bzw. dem sonnenfernsten Punkt der Erdumlaufbahn, mit einer Periode von ca. 21000 Jahren (vgl. Abb. 37);

- die Variation der Neigung der Erdachse gegenüber der Umlaufbahn zwischen den Grenzen 21,8° und 24,4° mit einer Periode von ca. 40000 Jahren;
- die Variation der Exzentrizität der Erdumlaufbahn mit einer mittleren Periode von 96000 Jahren.

Derzeit ist das Datum des Aphels der 3. Juli, so daß die Sonneneinstrahlung des Nordhemisphärensommers etwas geringer als die des Südhemisphärensommers ist. Dieser Effekt wird jedoch durch die asymmetrische Land-Meer-Verteilung der Erde überkompensiert, so daß der thermische Äquator im Jahresmittel auf der Nordhemisphäre verläuft. Die Erdachsenneigung beträgt heute 23,5° mit abnehmender Tendenz, so daß sich die jahreszeitlichen Unterschiede in beiden Hemisphären abschwächen werden. Die Exzentrizität der Erdumlaufbahn ist derzeit sehr gering, d. h. die Umlaufbahn ist nahezu kreisförmig, und nimmt ebenfalls weiter ab.

Aus der Überlagerung dieser drei Variationen lassen sich für alle geographischen Breiten der Erde die zeitlichen Änderungen der effektiven solaren Einstrahlung errechnen. Die ursprüngliche Milankovitch-Theorie hat versucht, mit Hilfe der erhaltenen jährlichen Änderungen der effektiven solaren Einstrahlung den Minima dieser Einstrahlung die vier klassischen Kaltzeiten (vgl. Kap. 4), insbesondere deren Höhepunkte, zuzuordnen. Der besondere Reiz eines solchen Vorhabens liegt darin, daß die Variationen der Erdbahnelemente astronomisch vorhersagbar sind und daß bei Gültigkeit dieser Theorie Aussagen über die zu erwartenden Klimaschwankungen dieser zeitlichen Größenordnung möglich wären.

In dem Maß, in dem die Erkenntnisse über den zeitlichen Ablauf der Klimaschwankungen genauer wurden, ergaben sich jedoch Diskrepanzen zur Orbitalparameterhypothese nach Milankovitch. Dies führte dazu,

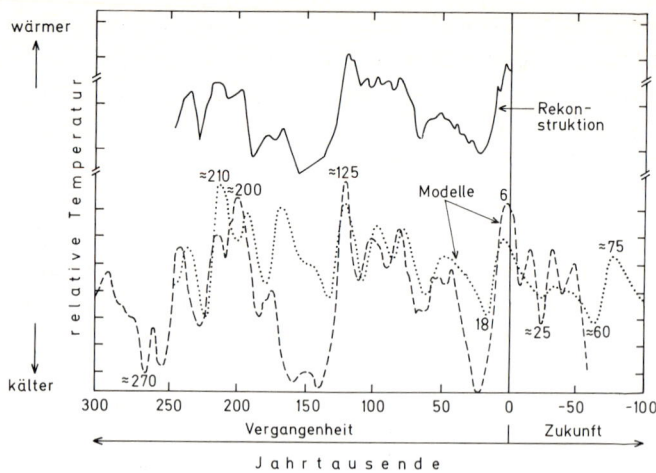

Abb. 39. Vergleich der rekonstruierten Temperaturgeschichte, hier Tiefseebohrkern des tropischen Pazifiks (vgl. Abb. 31), mit Modellsimulationen, die auf der Orbitalparameterhypothese beruhen (Änderungen der Erdumlaufbahn um die Sonne), einschließlich Vorhersage. (Untere Darstellung nach Berger 1981,1984, *gestrichelte Kurve*; bzw. Imbrie 1981, *gepunktete Kurve*; kombiniert und verändert nach Schönwiese 1994a).

daß die ganze Hypothese über Jahrzehnte hinweg angezweifelt wurde. Erst mit Beginn der achtziger Jahre gelang dank des Fortschritts der Klimamodellierung ein gewisser Durchbruch (Berger 1984; Imbrie 1981). Wie Abb. 39 zeigt, gelingt es mit Hilfe dieser gegenüber Milankovitch wesentlich modifizierten und fortentwickelten Methode, die vergangenen Kalt-/Warmzeitzyklen zu reproduzieren. Dies schließt die Abschätzung ein, daß der Höhepunkt der Neo-Warmzeit (Holozän) bereits vor ca. 6000 Jahren überschritten worden (vgl. dazu auch Abb. 33) und der Tiefpunkt der kommenden Kaltzeit in etwa 60000 Jahren zu erwarten ist; ihr Beginn vielleicht schon in 5000 Jahren. Gleichzeitig darf aber nicht verschwiegen werden, daß der solare Einfluß, wie er von der Variation der Erdbahnelemente verursacht wird, nur der Anstoß für Rückkopplungsmechanismen ist – und dies insbesondere in Zusammenhang mit der Kryosphäre – und erst der Gesamtvorgang, wahrscheinlich auch noch modifiziert durch den Vulkanismus, die Gebirgsbildung und weitere Prozesse, zu den tatsächlichen Variationen innerhalb der Eiszeitalter geführt haben. Somit gibt es noch immer quantitative Unsicherheiten bei der Erklärung der entsprechenden Klimaänderungen (vgl. Abb. 39).

Schließlich sollte noch einmal die Größenordnung der hier diskutierten Klimaänderungen hervorgehoben werden: rund 20000 bis 100000 Jahre pro Kalt-/Warmzeitzyklus. Auch wenn die damit verbundenen Temperaturänderungen nordhemisphärisch gemittelt bei 4 bis 5°C, maximal bei 7°C liegen, würde eine solche Abkühlung pro 60000 Jahre (derzeitiger hypothetischer Kaltzeittrend) nur einen Temperaturtrend von rund 0,01°C pro Jahrhundert bedeuten, also sehr viel kleiner, als daß er in einer säkularen Zeitskala (vgl. Abb. 15 bis 17) nachweisbar sein könnte. Somit kann es nicht darum gehen, unter den verschiedenen Ursachen von Klimaänderungen einen sozusagen Favoriten auszuwählen, sondern vielmehr darum, festzustellen, in welcher zeitlichen Größenordnung welche Ursachen miteinander konkurrieren und was sich aus dieser Überlagerung ergibt. Die Vorhersageprobleme, die daraus resultieren, sollen erst in Kap. 6 in Zusammenhang mit der Besprechung der Struktur und Leistungsfähigkeit der Klimamodelle diskutiert werden.

Treibhauseffekt

Der natürliche Treibhauseffekt gehört im Gegensatz zu den direkten bzw. indirekten Änderungen der Sonneneinstrahlung (Sonnenaktivität bzw. Erdbahnelemente) zu den Strahlungsvorgängen im Klimasystem selbst. Tatsache ist, daß bestimmte Gase der Atmosphäre die Eigenschaft haben, die Wärmeausstrahlung der Erdoberfläche und unteren Atmosphäre zum Teil zu absorbieren und dorthin zurückzustrahlen. Dies ist bereits in Abb. 38 zu sehen, wobei dort allerdings auch Partikel (Aerosole) und Wolken mit einbezogen sind. Der Name ist in Analogie zu einem echten Treibhaus geprägt worden, das wegen seiner Glasabdeckung und den dadurch unterbundenen Wärmeflüssen aber ganz anders funktioniert als das atmosphärische, auch wenn in beiden Fällen eine Erwärmung die Folge ist.

Bei dem natürlichen atmosphärischen »Treibhaus« strahlt jede Materie in Abhängigkeit von ihrer Oberflächentemperatur elektromagnetische Energie ab. Diese Energie hat je nach Wellenlänge eine unterschiedliche Erscheinungsform, und Gase besitzen ganz charakteristische wellenlängenabhängige Absorptionsbanden, d. h. nur in diesen Wellenlängenbereichen können sie Energie absorbieren und rückstrahlen. Der Wellenlängenbereich der solaren Einstrahlung, der in den Erscheinungsformen vom Ultraviolett (UV) über das Licht bis zur Wärme reicht, und die terrestrische Ausstrahlung, die sich vollständig im Bereich der Wärme abspielt, ist aus Abb. 40 ersichtlich.

Das Ozon (O_3), das in der Stratosphäre sein Konzentrationsmaximum (Ozonschicht) aufweist, absorbiert den relativ kurzwelligen Anteil des UV (UVB), so daß das solare Spektrum in Bodennähe erst bei 0,3 µm Wellenlänge (nahes UV = UVA) beginnt. Das Licht wird nur unwe-

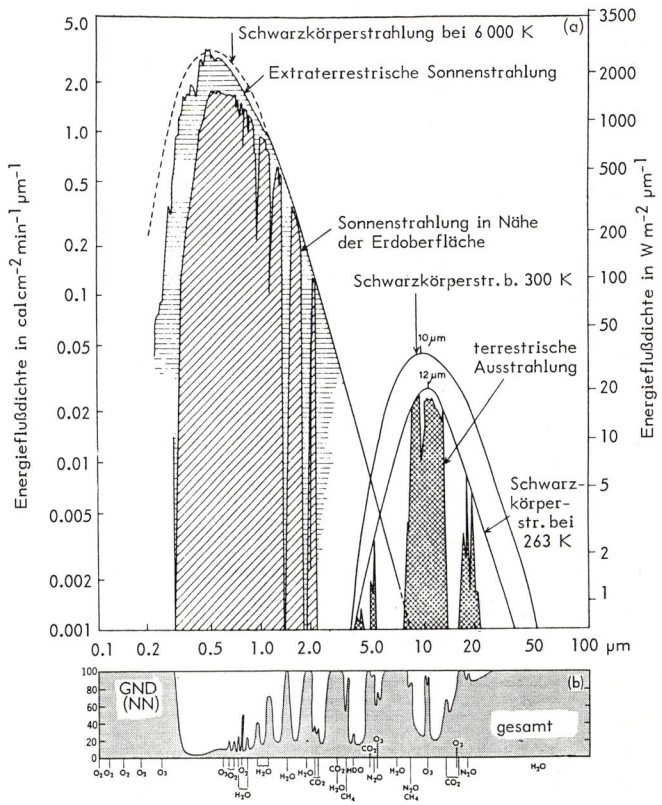

Abb. 40. Planck-Spektren der solaren Ein- und terrestischen Ausstrahlung, wobei die Absorptionstätigkeit der atmosphärischen Gase die extraterrestrische oder besser extraatmosphärische Sonneneinstrahlung bzw. die theoretische »Schwarzkörper«-Strahlung der Erde verändern. Im letzten Fall führt das zu einem verringerten Wärmeverlust der Erdoberfläche und unteren Atmosphäre, genannt »Treibhaus«-Effekt, an dem vor allem die Gase H_2O (Wasserdampf), CO_2 (Kohlendioxid) und O_3 (bodennahes Ozon) beteiligt sind (natürlicher »Treibhaus«-Effekt). Im Gegensatz zur Erde umfaßt die Sonnenstrahlung neben Wärme auch Licht (0,4 bis 0,8 µm Wellenlänge) und UV (0,4 µm). (Nach Fortak 1971; Peixoto u. Oort 1992; vereinfacht).

sentlich geschwächt, aber oberhalb 1 μm liegen etliche starke Absorptionsbanden, vor allem des Wasserdampfes (H_2O), so daß das solare Spektrum praktisch bei ca. 2 μm endet. Daß in der anschließenden Lücke bis zum Beginn des terrestrischen Spektrums noch eine Kohlendioxid (CO_2)- und Methan (CH_4)- Absorptionsbande liegen, ist klimatisch ohne Bedeutung.

Relativ gesehen, d. h. in Bezug zur Fläche der jeweiligen Hüllkurven (die übrigens das Planck-Strahlungsgesetz integriert, d. h. in ihrer Fläche, das Stefan-Boltzmann-Gesetz repräsentieren), ist die Schwächung der terrestrischen Ausstrahlung deutlich stärker als die der solaren Einstrahlung, wie das bei einem effektiven Treibhauseffekt auch sein muß. Dafür ist wiederum vor allem H_2O verantwortlich, daneben aber auch CH_4, N_2O (Distickstoffoxid), O_3 und andere Gase. Aus dieser Sicht wird klar: Absorbiert ein Gas mehr im terrestrischen Bereich als im solaren Bereich, behindert es also die solare Einstrahlung weniger als die terrestrische Ausstrahlung, dann ist es ein Treibhausgas: ein klimawirksames Spurengas.

Genau dies ist bei H_2O, CO_2, CH_4, N_2O, O_3 (bodennah) u. a. der Fall, und es läßt sich berechnen, wie stark die bodennahe Weltmitteltemperatur absinken würde, wenn man einzelne oder alle diese Gase aus der Atmosphäre entfernen würde (Tabelle 12). Der konservativ abgeschätzte Gesamteffekt liegt bei ca. 33°C; d. h. ohne Treibhauseffekt würde die bodennahe Weltmitteltemperatur -18°C statt +15°C betragen. Dabei wird allerdings vorausgesetzt, daß die Beiträge der Bewölkung und der Partikel zu den Strahlungsvorgängen in der Atmosphäre gleich bleiben. Rückt man von dieser Prämisse ab, ergibt sich nach Roedel (1992) ein Gesamteffekt von nur rund 15°C, wobei dieser Wert allerdings auch problematisch ist. Im übrigen können Bewölkung und Partikel

Tabelle 12. Aufschlüsselung des natürlichen »Treibhaus«-Effektes hinsichtlich der wichtigsten klimawirksamen Spurengase. (Nach Kondratyev und Moskalenko 1984, ergänzt).

Gas, chemische Formel	Beitrag zum natürl. Treibhauseffekt	
	Temperaturerhöhung [° C]	prozentual [%]
Wasserdampf, H_2O	20,6	62
Kohlendioxid, CO_2	7,2	22
Ozon, bodennah, O_3	2,4	7
Distickstoffoxid, N_2O	1,4	4
Methan, CH_4	0,8	2,5
weitere	ca. 0,6	2,5
Summe	33[a]	100

[a] Alternative Schätzungen ergeben nur einen Gesamteffekt von ca. 15–20° C; das IPCC gibt neuerdings einschließlich Wolken 30° C an.

sowohl erwärmend als auch abkühlend wirken. Nach heutiger Vorstellung kühlt zunehmende Wasserwolkenbedeckung, wie sie in der unteren Atmosphäre auftritt, die Erdoberfläche ab, während die in größerer Höhe auftretenden Eiswolken den Treibhauseffekt verstärken. Bei den Partikeln (Aerosolen) ist neben der Höhe ausschlaggebend, welche Reflexionseigenschaften der darunter befindliche Untergrund aufweist. Meist überwiegen in diesen Fällen die Abkühlungseffekte, insbesondere beim noch zu besprechenden stratosphärischen vulkanbedingten Aerosol. Die Problematik des Treibhauseffektes wird weiterhin im Rahmen der anthropogenen Klimaänderungen wieder aufzugreifen sein.

Vulkantätigkeit

Auch Vulkane ändern die Zusammensetzung der Atmosphäre. Dabei geht es aus klimatologischer Sicht weniger um den Typ der effusiven Ausbrüche, der vor allem Magmaströme erzeugt und große Zerstörungen anrichten kann, als vielmehr um explosive Ausbrüche, die Partikel und Gase bis in die Stratosphäre, in extremen Fällen sogar bis in die Mesosphäre schleudern (Abb. 41). Als klimatologisch am wichtigsten gelten dabei Sulfatpartikel (SO_4), die nach entsprechenden Vulkaneruptionen im Laufe einiger Monate aus schwefelhaltigen Gasen entstehen. Generell beträgt die Partikelverweilzeit in der Stratosphäre einige Jahre, während troposphärische Partikel schon nach einigen Tagen aussedimentieren bzw. mit dem Niederschlag ausgewaschen werden.

Die Klimawirksamkeit besteht darin, daß diese Partikel einen Teil der Sonneneinstrahlung absorbieren (in diesem Fall praktisch ohne Wellenlängenabhängigkeit), wobei sie sich erwärmen müssen. Für die untere Schicht der Atmosphäre geht dadurch ein Teil der Sonneneinstrahlung verloren, was dort Abkühlungseffekte zur Folge haben muß. Diese synchrone thermische Wirkung nach größeren explosiven Vulkanausbrüchen ist in Abb. 42 erkennbar. Leider reichen aber die stratosphärischen Messungen nicht so weit zurück, um entsprechende Wirkungen beispielsweise auch für den Ausbruch des Krakatau (1883) nachzuweisen. Von Abkühlungseffekten in der unteren Atmosphäre darf aber generell ausgegangen werden. So ist das Jahr 1816, ein Jahr nach dem Tambora-Ausbruch, der als gewaltigster der historischen Zeit gilt (mit Partikelauswurf bis in die Mesosphäre), auch als das Jahr ohne Sommer in die Geschichte eingegangen. Als klimawirksamster Vulkanausbruch unseres Jahrhunderts gilt bisher die Pinatubo-Eruption (1992),

Abb. 41. Explosiver Ausbruch des Vulkans Mount St. Helens, USA, am 18. Mai 1980 (vgl. auch Tabelle 13), in dessen Verlauf sich die Berghöhe von ursprünglich 2950 m auf 2550 m verringerte. (Foto: G. Rosenquist, Earth Images).

die in Abb. 42 mit erfaßt ist. Eine Auswahl historischer Eruptionen mit Stärkeklassifizierung bringt Tabelle 13.

Aus vielen paläoklimatologischen Analysen ist bekannt, daß sich die vulkanischen Effekte nicht nur auf die Zeit ca. 1 bis 3 Jahre nach größeren Einzeleruptionen beschränken, sondern sich auch auf weit größeren Zeitskalen abspielen. Beispielsweise haben Kennett u. Thunell (1977) Tiefseebohrkerne auf ihren Gehalt an vulkanischen Aschen hin untersucht und konnten für die Zeit beginnend vor ca. 20 Millionen Jahren quantitative Abschätzungen der Vulkantätigkeit durchführen. So gab es offenbar im Tertiär vor ca. 15 Millionen Jahren und ausgeprägter vor 3 bis 5 Millionen Jahren gegenüber den anderen Zeitspannen deutlich erhöhte Vulkantätigkeit, was die Eisbildung im antarktischen Raum gefördert ha-

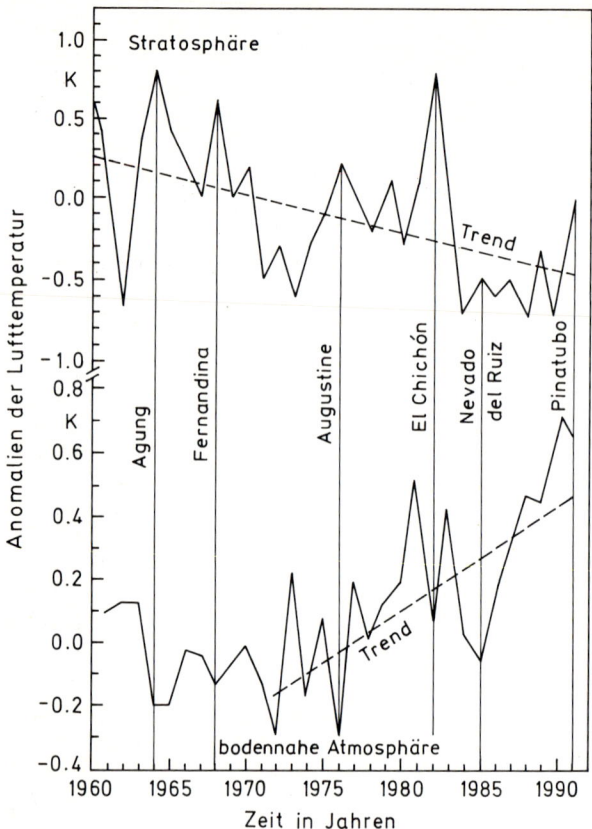

Abb. 42. Jahresanomalien 1960 bis 1991 der mittleren nordhemisphärischen Lufttemperatur in der Stratosphäre (24 km Höhe) und der bodennahen Atmosphäre mit Trends und Zuordnung einiger explosiver Vulkanausbrüche, die simultan in der Stratosphäre zu Erwärmungen (Absorption der Sonneneinstrahlung an Partikeln) und bodennah zu Abkühlungen (verringerte Transmission der Sonneneinstrahlung) führen. (Daten nach Angell 1991, bzw. Labitzke 1986, 1991, für die Stratosphäre; nach Jones 1991, für die untere Atmosphäre; kombiniert und ergänzt nach Schönwiese 1994a).

Tabelle 13. Chronologie einiger wichtiger explosiver Vulkanausbrüche seit 1750, vor 1960 nur Stärkeklassen größer als 4. Diese Stärkeklasse wird international als »volcanic explosivity index« (VEI) bezeichnet. (Nach US Smithsonian Institution, Simkin at al. 1981, ergänzt und verändert, hier nach Schönwiese 1994).

Vulkanname	Koordination		Höhe (NN)	Monat/Jahr	Klasse[a]
Katla	63,6 N	19,0 W	1363 m	10/1755	5
Lakagigar (Laki)	64,1 N	18,3 W	500 m	6/1783	4
Tambora	8,3 S	118,0 E	2851 m	4/1815	7
Galunggung	7,3 S	108,1 E	2168 m	10/1822	5 (?)
Cosiguina	13,0 N	87,6 W	859 m	6/1835	5
Sheveluch	56,8 N	161,6 E	3395 m	2/1854	5
Askja	65,0 N	16,8 W	1510 m	3/1875	5
Krakatau	6,1 S	105,4 E	300 m	8/1883	6
Santa Maria	14,8 N	91,6 W	2700 m	10/1902	6
Ksudach	51,6 N	157,5 W	1079 m	3/1907	5
Novarupta (Katmai)	58,3 N	155,2 W	2285 m	6/1912	6
Bezymianny	56,1 N	160,7 E	2800 m	3/1956	5
Agung	8,3 S	115,5 E	3142 m	3/1963	4
Fernandia	0,4 S	91,6 E	1495 m	6/1968	4
St Augustine	55,4 N	153,4 W	1227 m	6/1976	4
St. Helens	46,2 N	122,2 W	1920 m	5/1980	4–5
El Chichón	17,3 N	93,2 W	1350 m	3,4/1982	5
Nevado del Ruiz	4,9 N	75,4 W	5400 m	12/1985	4
Pinatubo	15,1 N	120,4 W	1745 m	6–8/1991	6

[a] Die Definition der Eruptionsklasse, internat. VEI (volcanic explosivity index), enthält eine Abschätzung des Auswurfvolumens, das jeweils 10[VEI+4] bis 10[VEI+5] Kubikmeter beträgt; ab VEI = 4 wird die untere Stratosphäre (bis 25 km Höhe), ab VEI = 5 auch die obere Stratosphäre, bei VEI = 7 die Mesosphäre erreicht.

ben könnte. Auf mehr als den doppelten Betrag dieser relativen Maxima stieg der Gehalt an vulkanischen Aschen jedoch ab der Zeit vor ca. 2 Millionen Jahren an, in recht guter Übereinstimmung mit dem Zeitalter, ab dem die ausgeprägten weltweiten Kaltzeiten des Quartärs auftraten. Bray (1974) konnte weiterhin zeigen, daß in den letzten 40000 Jahren fast alle größeren Gletscher- bzw. Inlandeisvorstöße der Würm-Kaltzeit mit Epochen erhöhter Vulkantätigkeit zusammenfielen.

Für die Zeit der letzten Jahrhunderte haben mehrere Autoren versucht, eine Art jährlichen Stärkeindex als Maßzahl der Vulkantätigkeit zu entwickeln und mit den beobachteten Klimavariationen zu vergleichen. Lamb (1970) gehört zu den Pionieren dieses Vorgehens und weist beispielsweise auf die erstaunlich geringe Vulkanaktivität in der ersten Hälfte unseres Jahrhunderts hin, die einen wesentlichen Beitrag zu dem in dieser Zeit beobachteten Temperaturanstieg (vgl. Abb. 16) geliefert haben könnte. Generell sollten wegen der größeren Landanteile die Auswirkungen des Vulkanismus auf der Nordhemisphäre größer als auf der Südhemisphäre sein. Zur Hypothese von Lamb gibt es mittlerweile mehrere Alternativen (Cress u. Schönwiese 1990), nicht zuletzt auch aus Eisbohrungen. Und auch in Klimamodellrechnungen sind vulkanische Einflüsse auf das Klima untersucht worden, dies allerdings bisher weit weniger intensiv als der noch zu besprechende anthropogene Einfluß (vgl. Kap. 7).

Kontinentalverschiebung

Neben der von Milankovitch (1920) aufgestellten Hypothese der Änderungen der Orbitalparameter, von ihm von vornherein als Eiszeithypothese gedacht, ist auch die von Wegener (1922) postulierte Hypothese der Kontinentalverschiebungen ein Beispiel dafür, wie solche Hypothesen kritisiert und verworfen werden, um dann nach Jahrzehnten – freilich in neuem Gewand – wiederaufzuerstehen und sich allgemeiner Anerkennung zu erfreuen.

In der heutigen allgemein anerkannten Form beruht die Theorie der Kontinentalverschiebungen auf der Vorstellung, daß sich die Erde in bestimmte tektonische Platten gliedern läßt, die nicht unverrückbar in ihren heutigen Positionen verharren, sondern sich bewegen. So driften beispielsweise der südamerikanische und afrikanische Kontinent auseinander, dies allerdings in der heute kaum merklichen Geschwindigkeit von einigen Zentimetern pro Jahr.

Motor für diesen Vorgang ist das Aufquellen von Tiefenmaterial aus dem Erdinnern, das an Gebirgen ersichtlich ist, die unter dem Meeresspiegel liegen, beispielsweise am Atlantischen Rücken inmitten des Atlantischen Ozeans. Das aufquellende Material schiebt sozusagen den Meeresboden auseinander (sea floor spreading) und die tektonischen Platten vor sich her. An anderen Stellen, an denen diese Platten gegeneinandergeführt werden, sinkt eine unter die andere ab. Man spricht von Subduktionszonen, die zugleich tektonische Unruheherde mit relativ häufigen Erdbeben sind, wie beispielsweise der ganze Randbereich des Pazifischen Ozeans.

Im Laufe von hunderten von Jahrmillionen hat sich die Land-Meer-Verteilung der Erde durch diese Vorgänge grundlegend gewandelt. Ein Beispiel für diese durch geophysikalisch-paläogeographische Modellrechnungen mittlerweile rekonstruierbaren Vorgänge zeigt Abb. 43, wo die Land-Meer-Verteilung vor 440 Millionen Jahren zusammen mit der Relativbewegung des geographischen Südpols dargestellt ist. Dabei ist aber zu beachten, daß natürlich nicht die geographischen Pole, sondern die tektonischen Platten sich bewegt haben. Die Rekonstruktion zeigt, daß vor 440 Millionen Jahren Südamerika, Afrika, die arabische Halbinsel, der indische Subkontinent, die Antarktis und Australien einen zusammenhängenden Urkontinent gebildet haben, der den Namen Gondwania (oder Gondwana) trägt.

Klimatologisch sind die Kontinentalbewegung und die damit verknüpften paläogeographischen Gegebenheiten insofern von Bedeutung, als Eiszeitalter offenbar immer nur dann eintreten, wenn sich zumindest an einem geographischen Pol eine Landmasse befindet. Nur dann hat nämlich Schneeniederschlag eine Chance, liegen zu bleiben und im Laufe der Zeit größere Eisflächen zu bilden. Die bereits beschriebene Eis-Albedo-Rückkopplung verstärkt die Abkühlung, so daß sich die Klimabedingungen eines Eiszeitalters einstellen können. Auch für den Ablauf des Kalt-/Warmzeitzyklus innerhalb eines Eiszeitalters ist diese Rückkopplung von Bedeutung, während sie innerhalb eines akryogenen Warmklimas nicht wirksam werden kann, was zur größeren Stabilität eines solchen Klimas gegenüber dem eines Eiszeitalters beiträgt.

Wie Abb. 43 zeigt, ist das Silur-Ordovizische Eiszeitalter (vgl. auch Abb. 33 und Tabelle 10) zu der Zeit eingetreten, als im Zuge der Kontinentaldrift der geographische Südpol im Bereich des heutigen Nordafrika lag und hat dort die – nur aus heutiger Sicht erstaunlichen – Vereisungen (schraffierte Fläche) in Nordafrika hervorgerufen. Zuvor, im Kambrium, lag er im offenen Weltozean und danach, im Devon, hatte bereits die Entstehung

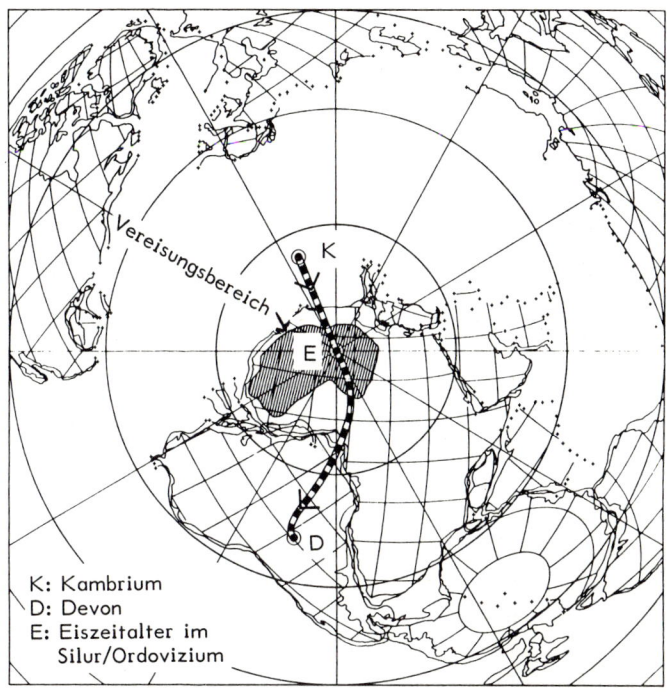

Abb. 43. Paläogeographische Situation der Südhemisphäre vor 440 Millionen Jahren, zur Zeit des Silur-Ordovizischen Eiszeitalters *(E)*, als im Bereich des heutigen Nordafrika ausgedehnte Vereisungen *(Schraffur)* auftraten. Dort befand sich demnach der geographische Südpol, dessen Relativbewegung anhand des *schwarz-weiß ausgelegten Pfeils* zu erkennen ist. Im Kambrium *(K)* lag er noch im offenen Ozean und im Devon *(D)* begann sich zwischen dem heutigen Afrika und Südamerika der Südatlantik zu entwickeln. (Nach Frakes 1979; Smith et al. 1982; kombiniert und ergänzt, hier nach Schönwiese 1987 bzw. 1994).

des Südatlantischen Ozeans durch Auseinanderdriften von Südamerika und Afrika eingesetzt. Der geographische Nordpol lag dabei ständig im offenen Ozean, so daß sowohl das Silur-Ordovizische Eiszeitalter als auch das spätere Permokarbonische Eiszeitalter – als der geographische Südpol im Bereich der Antarktis lag – unipolar waren, d. h. nur eine Polarzone erfaßten.

Auch heute befindet sich der geographische Südpol wieder im Bereich der Antarktis, was zur Initiierung des derzeitigen Quartären Eiszeitalters geführt hat. Wie bereits in Kap. 4 beschrieben, ist dabei aber auch der Nordpolarbereich von Vereisungen erfaßt worden, weil die zwar nicht polständige aber doch polnahe Situation von Kanada, Grönland und Nordasien ebenfalls eiszeitalterbegünstigend sind.

Es wäre freilich zu simpel, Eiszeitalter nur mittels der Kontinentalverschiebung und den innerhalb solcher Zeiten ablaufenden Kalt-/Warmzeitzyklen nur mittels der Variationen der Orbitalparameter erklären zu wollen. Zumindest als Randbedingungen haben sie aber sicherlich eine wesentliche Rolle gespielt. Darüber hinaus muß jedoch von der Beteiligung weiterer Einflüsse wie Orogenese (Gebirgsbildung) und Vulkanismus und nicht zuletzt den dadurch angestoßenen internen Rückkopplungen des Klimasystems ausgegangen werden.

Atmosphärische Zirkulation

Alle bisher besprochenen Ursachen von Klimaänderungen betrafen direkt oder indirekt die Sonneneinstrahlung. Dies ist beispielsweise bei der Sonnenaktivität, den Erdbahnparametern, dem Treibhauseffekt oder dem Vulkanismus (der die Sonneneinstrahlung schwächt) offensichtlich, gilt aber auch für die Kontinentalverschiebung,

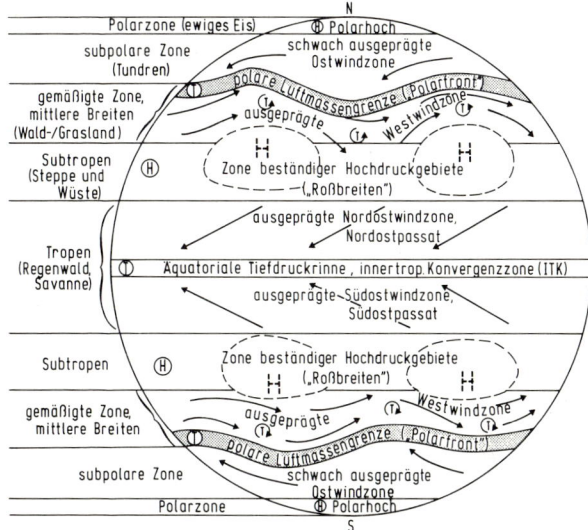

Abb. 44. Grobes Schema der allgemeinen Zirkulation für die bodennahe Luftschicht. *H* Hochdruck-, *T* Tiefdruckzone; jeweils am linken Rand angegeben. Die *Pfeile* markieren die vorherrschende Windrichtung. Am linken Rand sind weiterhin die Bezeichnungen der Klimazonen vermerkt, in Klammern die Bezeichnung der Vegetationszonen (Südhalbkugel entsprechend), die sich aufgrund der Klimabedingungen eingestellt haben. (Flohn 1968, 1971; Weischet 1991; u.a. ergänzt und verändert).

wobei in diesem Fall die entstehenden Schnee- und Eisbedeckungen die Sonneneinstrahlung weit stärker reflektieren als beispielsweise Wasser- oder Vegetationsoberflächen. Der Schluß auf die Temperatur erscheint dabei plausibel:

> Erreicht weniger Sonneneinstrahlung die Erdoberfläche bzw. wird sie dort stärker reflektiert, resultiert eine Abkühlung, andernfalls eine Erwärmung.

Es wird Zeit, sich daran zu erinnern, daß die Sonneneinstrahlung bzw. Strahlungsbilanz regional und jahreszeitlich unterschiedlich ist und daß gerade diese Unterschiede der Motor für die atmosphärisch-ozeanische Zirkulation sind. Dies beinhaltet die Konsequenz, daß Strahlungs- bzw. Temperaturänderungen erst über die Mittlerrolle der Zirkulation als Klimaänderungen in Erscheinung treten.

Betrachten wir zunächst die großräumigen Gegebenheiten der atmosphärischen Zirkulation in groben Umrissen (Abb. 44), so läßt sich feststellen:

> In den Tropen wird die Erdoberfläche wegen der steil einfallenden Sonneneinstrahlung stark erwärmt. Wie jede relativ warme Luft, da sie eine geringere Dichte als kältere Luft aufweist, steigt auch die Tropikluft nach oben und divergiert dabei. Die Folge ist ein Tiefdruckgebiet, die äquatoriale Tiefdruckrinne. Außerdem bildet aufsteigende Luft durch Abkühlung Wolken und Niederschlag. In der oberen Troposphäre bewegt sich diese Luft in Richtung der Subtropen beider Hemisphären, sinkt dort ab, was wolkenarme Hochdruckgebiete zur Folge hat, und strömt bodennah in Form der Passate wieder in Richtung äquatoriale Tiefdruckrinne. Diese großräumigen Bewegungen werden außerdem wegen der Erdrotation von der Corioliskraft beeinflußt, die auf der Nordhalbkugel alle Horizontalbewegungen nach rechts, auf der Südhalbkugel nach links ablenkt. Dadurch entstehen Nordost- und Südostpassat. Wegen des Zusammenströmens der Passate in den bodennahen inneren Tropen spricht man dort von der innertropischen »Konvergenzzone« (ITK, engl. ITC oder ITCZ = innertropical convergence zone).

Allein diese typisch-subtropische Zirkulation hat bereits Auswirkungen auf die Temperatur:

> In den Tropen werden durch die Bewölkung die Maxima gedämpft, so daß die bekannten Rekordwerte (bisher 57,8°C in El Aziziah, Libyen) in den Subtropen auftreten. Die Niederschlagsregime schlagen sich in der Vegetation nieder: tropischer Regenwald in der wolkenreichen innertropischen Zone, Wüste in den wolkenarmen Subtropen und Savanne bzw. Steppe in der Übergangszone.

Senkrecht zur tropisch-subtropischen Zirkulation, der sog. Hadley-Zelle, gibt es noch ein damit und mit den Meeresströmungen verzahntes System mit Hebung in den Kontinentalbereichen und Absinken im Bereich der kalten Meeresströmungen, die sog. Walker-Zirkulation:

> Da Hochdruckgebiete auf der Nordhalbkugel im Uhrzeigersinn, auf der Südhalbkugel entgegengesetzt umströmt werden, bildet sich polwärts der Subtropen, in den gemäßigten Breiten, eine hochreichende Westwindzone aus, die mit der polaren Luftmassengrenze in Kontakt steht, ständig wechselnde Mäander bildet und daher für sehr variables Wetter bzw. Klima sorgt. Außerdem bilden sich dort Tiefdruckwirbel, die sog. Polarfrontzyklonen, die mit ihren Wetterfronten von der vorherrschend westlichen Strömung gesteuert werden und im Wechselspiel mit sog. Zwischenhochs (relativen Hochdruckgebieten) für weitere Variabilität sorgen. Nordwärts der polaren Luftmassengrenze finden wir die Kaltluft der Polarzone, die von den Polarhochs (kalte absinkende Luft, Hochdruckbildung) unter starker Rechts- bzw. Linksablenkung

ausfließt; denn die Corioliskraft nimmt polwärts zu. Daraus resultieren die subpolaren Ostwinde.

Diese globale atmosphärische Zirkulation läßt sich hinsichtlich wolkenreicher (Hebung) bzw. wolkenarmer (Absinken) Regionen anhand von Satellitenbildern verifizieren (Abb. 45). Dennoch ist das beschriebene Bild sehr grob, unter anderem deswegen, weil die atmosphärische Zirkulation durch die Land-Meer-Verteilung erheblich modifiziert und mit der ozeanischen Zirkulation gekoppelt ist. Außerdem unterliegt sie einem markanten Jahresgang:

Wenn sich im Nordsommer die Nordhemisphäre stärker erwärmt als die Südhemisphäre, bewegen sich dort die Zirkulationsgürtel polwärts, wobei zum Beispiel die Subtropenhochs in den Mittelmeerbereich vorrücken und dort das vielen Urlaubern bekannte sonnenreiche und wolkenarme Wetter mit sich bringen. Im Nordwinter ist das Gegenteil der Fall, und der Mittelmeerraum wird durch die äquatorwärts vorrückende Westwindzone mit ihren Tiefdruckgebieten kühler, windiger und niederschlagsreicher. In der gemäßigten Klimazone fällt hingegen im Prinzip das ganze Jahr über Niederschlag; allerdings führt die dort vorhandene große Strömungsvariabilität immer wieder zu besonders trockenen bzw. besonders feuchten Witterungsabschnitten, die im Extremfall sogar 1 bis 2 Monate anhalten können.

Dieser Jahresgang kann als grobe Analogie zu einem insgesamt erwärmten Globus dienen, beispielsweise während des akryogenen Warmklimas oder einer vulkanisch wenig gestörten und dadurch relativ warmen Kli-

Abb. 45. Aufnahme der Erde und Erdatmosphäre vom geostationären Satelliten METEOSAT (ca. 36000 km Höhe) aus, sichtbarer Spektralbereich, künstlich eingefärbt. In der Bildmitte ist das Wolkenband der ITK zu erkennen, polwärts davon (besonders deutlich in Nordafrika) schließen sich die wolkenarmen Subtropen an und noch weiter polwärts die wieder wolkenreichere gemäßigte Klimazone. Dort befindet sich unter anderem, zur Aufnahmezeit knapp westlich von Europa, die markante Wolkenspirale einer Polarfrontzyklone. (Aufnahme und Bearbeitung ESA, ESOC, Darmstadt).

maepoche. In solchen Fällen sollte sich auf beiden Hemisphären eine polwärtige Verlagerung der Klimagürtel einstellen, umgekehrt z. B. in Kaltzeiten eine äquatorwärtige, für die es viele paläoklimatologische Indizien gibt (z. B. Pollenspektren und daraus resultierende Rekonstruktionen der Paläovegetation; vgl. Tabelle 4). Es gibt aber auch andere Möglichkeiten der Reaktion, die z. B. in Intensitätsänderungen der Strömung in der gemäßigten Klimazone oder/und intensiveren Mäandern (sozusagen Amplitudenvergrößerung) der polaren Luftmassengrenze gesucht werden können.

Um hier fündig zu werden, ist es notwendig, von zwar anschaulichen aber fragwürdigen Spekulationen zu exakten physikalischen Berechnungen überzugehen, nämlich den Klimamodellen, insbesondere den Zirkulationsmodellen. Bevor dies geschieht, sollte aber noch der Ozean etwas näher in den Blickpunkt rücken.

Ozeanische Zirkulation und El Niño

Auch die ozeanische Zirkulation ist ein dreidimensionaler, letztlich solar angetriebener Bewegungsvorgang mit ausgeprägten regionalen Charakteristika. Durch die Land-Meer-Verteilung ist die ozeanische Zirkulation aber weit mehr eingeengt als die atmosphärische. Außerdem gibt es intensive atmosphärisch-ozeanische Wechselwirkungen, die z. B. über wenig bzw. viel Niederschlag bzw. Verdunstung den Salzgehalt des Ozeans beeinflussen, denn neben der Temperatur steuert auch der Salzgehalt die Dichte und somit die Zirkulation des Ozeanwassers (thermohaliner Antrieb).

Die oberflächennahen Horizontalströmungen des Ozeans (Abb. 46), sind weitaus weniger variabel als ihre atmosphärischen Gegenstücke und sicherlich vielen be-

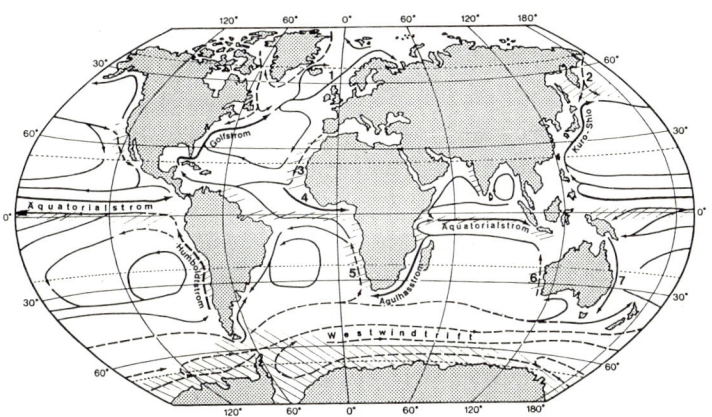

Abb. 46. Schema der oberflächennahen ozeanischen Zirkulation (warm *ausgezogene*, kalt *gestrichelte Pfeile*) mit Markierung der wichtigsten Aufquellgebiete *(Schraffur)*. (Nach Kelletat 1989; vgl. auch Scharnov et al.1990; Mittelstaedt 1989; Arntz u. Fahrbach 1991). *1* Golfstromtrift, *2* Oyaschio (Kurilenstrom), *3* Kanarenstrom, *4* Guineastrom, *5* Benguelastrom, *6* Westaustralienstrom, *7* Ostaustralienstrom; statt Humboldt- auch Perustrom.

kannt: z. B. der Golfstrom, der ausgehend von der Karibik gegen Europa – über die Britischen Inseln hinaus bis nach Skandinavien – geführt und mit Recht als Warmwasserheizung Europas bezeichnet wird. Daher ist z. B. der klimatologische Temperaturjahresmittelwert an englischen Stationen ganz markant höher als in gleicher geographischer Breite an der Ostküste Kanadas (London: 10,7°C; Ottawa: 5,7°C; Daten nach Müller 1983 bzw. Hantel 1989).

Weniger bekannt als diese oberflächennahen Meeresströmungen ist die ozeanische Tiefenzirkulation, die im Grobschema der Abb. 46 nicht angegeben ist. Verbunden sind diese oberflächennahen und tiefen Strömungen durch Absinkgebiete (downwelling), vergleichbar den atmosphärischen Hochdruckgebieten, bzw. Aufquellgebiete (upwelling), ähnlich den Tiefdruckgebieten der Atmosphäre. Die Absinkgebiete sind wichtig für den Tiefenwassernachschub, der u.a. mit dem Transport von Gasbeimengungen in die Tiefsee verbunden ist. Die Aufquellgebiete (vgl. Abb. 46) führen kaltes und im allgemeinen nährstoffreiches Tiefenwasser nach oben, was u.a. positive Auswirkungen auf den Fischfang hat.

Vor allem vor der Küste von Peru, im Bereich des Humboldt- oder Peru-Stromes, ist nun ein Phänomen bekannt, das jährlich etwa um die Weihnachtszeit dieses Aufquellen verringert und somit die Temperatur des oberflächennahen Wassers ansteigen läßt. In der Landessprache erhielt dieses Phänomen den Namen »El Niño« (das Kind oder das Christkind). Im Abstand von einigen Jahren fällt dieses Phänomen besonders stark aus, dies ist das eigentliche »El-Niño«- (Warmwasser-) Ereignis (EN) und es ist bekannt, wenn auch noch nicht restlos geklärt, daß es sich dabei um einen der atmosphärisch-ozeanischen Wechselwirkungsvorgänge handelt; denn gekoppelt sind damit bestimmte Luftdruckphänomene der Südhalbkugel, die sog. »Southern Oscillation« (SO). Der ENSO-Mechanismus, wie das Gesamtphänomen genannt wird (Arntz u. Fahrbach 1991), erwärmt große Bereiche des tropischen Pazifiks, vielleicht auch andere tropische Ozeane, und ändert die innertropischen Hebungs- und Absinkphänomene (Walker-Zirkulation), was gewaltige Niederschlagsanomalien zur Folge haben kann: In Trockengebieten fällt dann kräftiger Niederschlag und andere Gebiete erleben Dürren. ENSO-Ereignisse halten im allgemeinen einige Monate an, bevor sie wieder verschwinden. Inzwischen ist auch ein Gegenstück dazu, das sog. Kaltwasserereignis gefunden worden, das den Namen »La Niña« erhalten hat.

6 Klimamodelle

Um Klima und Klimaveränderungen zu verstehen, und dies im Verhalten aller Klimaelemente sowie mit allen regionalen und jahreszeitlichen Besonderheiten, sind Klimamodelle notwendig. Je umfangreicher und genauer man dieses Problem jedoch angeht, um so mehr stellt man fest, daß dies letztlich ein unlösbares Problem ist. Selbst stark vereinfachte Modelle mit stark vereinfachten Antriebsmechanismen an den größten Rechenanlagen der Welt beanspruchen Rechenzeiten in der Größenordnung von Monaten. Diese Vereinfachungen in Kauf zu nehmen und mit dem größtmöglichen Aufwand zu versuchen, wie weit derzeit das Verständnis des Klimas getrieben werden kann, ist andererseits die einzige Chance, überhaupt voranzukommen.

Die Modelle, die hier zuerst betrachtet werden sollen, sind globale Modelle der gekoppelten atmophärischen und ozeanischen Zirkulation. In der Fachsprache heißen sie »general circulation models«, abgekürzt GCM, in der gekoppelten Form AGCM + OGCM (A = Atmosphäre, O = Ozean). Wie das Schema der Abb. 47 zeigt, arbeiten diese Modelle mit Gitterpunktsystemen, die in der Atmosphäre meist noch immer einen Abstand von ca. 500 km Maschenweite aufweisen, auch wenn der Trend bei diesen globalen Modellen in Richtung 200 km oder gar 100 km Auflösung geht. Diese Systeme sind in

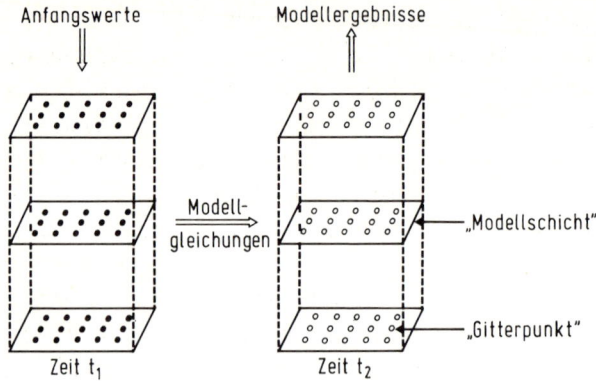

Abb. 47. Schema zur Erläuterung der verwendeten Gitterpunktsysteme und Flächen (sog. »Schichten«) bei atmosphärischen allgemeinen Zirkulationsmodellen zur Wetter- und Klimavorhersage.

sog. Modellschichten übereinander angeordnet, meist ca. 10 bis 20 an der Zahl. An allen Gitterpunkten müssen alle relevanten Klimaelemente (Temperatur, Feuchte, Windvektor usw.) durch die dafür relevanten physikalischen Gleichungen miteinander verknüpft werden. Wie sich herausstellt, sind viele dieser Gleichungen nicht exakt, sondern nur durch iterative Näherungsverfahren lösbar. Schließlich müssen die Berechnungen in Zeitabschnitten von einigen Minuten bis maximal einer Stunde in einer jahrzehnte- oder besser jahrhundertlangen Simulation sozusagen vorangeführt werden, um Lösungsansätze bereitzustellen. Nach Hasselmann et al. (1994) erfordert die Simulation eines nur einjährigen Klimas rund 10^7 = 10 Billionen Rechenoperationen. Dies mag genügen, um den Aufwand solcher Modellrechnungen anzudeuten.

Die erste Aufgabe eines Klimamodells sollte immer sein, bei derzeitigem Strahlungsantrieb den derzeitigen Klimazustand zu approximieren (sog. Kontrollexperiment). Dabei tritt bei allen fortgeschrittenen (atmosphärisch-ozeanisch gekoppelten) Klimamodellen die Schwierigkeit auf, daß selbst nach 100 Jahren Simulationszeit noch immer kein Gleichgewichtszustand erreicht ist, dessen Statistik (z. B. Mittelwerte des letzten Simulationsjahrzehnts) das heutige Klima reproduzieren könnte. Abhilfe leisten sog. Flußkorrekturen (Energie und Materieflüsse) zwischen Atmosphäre und Ozean, um ein solches Gleichgewicht zu erzwingen. Im nächsten Schritt kann dann ein spezielles Simulationsziel angegangen werden, beispielsweise das Klima einer Kaltzeit oder ein in Zukunft mögliches Klima bei anthropogener Verstärkung des »Treibhauseffektes« (vgl. Kap. 7). Gerade im letzten Fall ist man neben Gleichgewichtszuständen auch an zeitlich mehr oder weniger kontinuierlichen Entwicklungen interessiert, was mit Hilfe der noch aufwendigeren zeitabhängigen, in der Fachsprache »transienten« Simulationen angegangen wird.

Bei der Interpretation und Bewertung der Ergebnisse von Klimamodellrechnungen sollte ein ausgewogener Mittelweg zwischen Modelleuphorie und überzogener Kritik gefunden werden. Es gibt weltweit verschiedene Modellstrategien für die gleichen Simulationsziele, wobei die aufwendigsten Modelle derzeit an der Princeton University (USA) sowie am Deutschen Klimarechenzentrum (DKRZ, Hamburg) betrieben werden (Houghton et al. 1990, 1992). Es würde viel zu weit führen, die Vor- und Nachteile dieser Modelle hier im Detail diskutieren zu wollen. Die Hauptschwächen, die man aber kennen sollte, liegen beim hydrologischen Zyklus und somit bei den Klimaelementen Luftfeuchte und insbesondere Niederschlag, bei der ozeanischen Tiefenzirkulation, den Meereisbewegungen sowie generell den meisten (erfaßten und nicht erfaßten) Rückkopplungen, schließlich bei der begrenzten räumlichen Auflösung und der vermutlich sehr unrealistisch simulierten Variationsbreite der Klimaelemente, was sich dann auch auf die Frage der Extremwerthäufigkeiten und deren Änderungen negativ auswirkt.

Eine weitere und sehr wesentliche Schwäche ist darin zu sehen, daß solche aufwendigen Modelle in vertretbarer Rechenzeit nicht die Simulation von mehreren, sich simultan überlagernden Antriebsmechanismen gestatten, insbesondere was die Konkurrenz natürlicher und anthropogener Klimaänderungen betrifft, obwohl Pläne für derartige Simulationen existieren. Außerdem gibt es für anthropogene Einflüsse in der Zukunft sicherlich verschiedene Möglichkeiten, die in Form von »Szenarien« in entsprechende Parallel- bzw. nachgeschaltete Rechnungen eingehen.

Aus diesem Grund ist es sinnvoll, auch mit vereinfachten Modellen zu rechnen. Auf physikalischem Weg gibt es dazu den Typ des Energiebilanzmodells (EBM), von dem im übrigen vor einigen Jahrzehnten die ganze Klimamodellentwicklung ausgegangen ist. Im einfachsten Fall (nulldimensionales EBM) wird dabei lediglich die Erdmitteltemperatur in Abhängigkeit von verschiedenen Konstellationen der solaren Einstrahlung, Erdalbedo (d. h. Reflektion an der Erdoberfläche) und terrestrischen Ausstrahlung berechnet. Die wesentlich kürzeren Rechenzeiten werden dabei offenbar mit einem drastischen Informationsverlust erkauft, da nur noch ein Klimaelement betrachtet und überhaupt keine regionale Auflösung erreicht wird. Für die Berechnung von Zukunftsszenarien in relativ kurzer Rechenzeit oder die Diskussion von Klimastabilitätsfragen kann das aber sehr hilfreich sein. Außerdem gibt es auch meridional (d. h. nach der geographischen Breite) oder/und vertikal auflösende EBMs, weiterhin – als Brücke zu den GCMs – zweidimensionale Strahlungskonvektionsmodelle (radiative convective model, RCM). Auch ist es weitaus einfacher,

EBMs bzw. RCMs mit chemischen Reaktionsmodellen zu koppeln als GCMs.

Eine weitere Alternative, bei der die direkte Behandlung der physikalischen Mechanismen allerdings ganz aufgegeben wird, sind statistische Klimamodelle. Dafür besitzen sie, neben den relativ kurzen Rechenzeiten und der daher viel leichter möglichen synchronen Erfassung mehrerer konkurrierender Einflüsse, den Vorteil, sich strikt an den Klimabeobachtungsdaten und somit der Klimarealität zu orientieren (Schönwiese 1994). Zu nennen sind multiple Regressionsmodelle (vgl. Kap. 3), die aufgrund von Korrelationsberechnungen zwischen Einfluß- und Wirkungsgrößen entsprechende Beziehungsgleichungen verwenden, EOF-Modelle (empirische Orthogonalfunktionen), bei denen die realen Einflußgrößen in voneinander unabhängige (orthogonale) künstliche Einflußgrößen transformiert werden, und neuronale Netze. Die letztgenannte Methode hat den Vorteil, Beziehungen zwischen den Einflußgrößen von vornherein zu erfassen und in einer »Trainingsphase« beliebige nichtlineare Beziehungen zwischen Einflüssen und Wirkungen zu »erlernen«, während Regressionsmodelle entweder linear sind oder die Vorgabe vermuteter nichtlinearer Beziehungsgleichungen verlangen. Was das neuronale Netz »gelernt« hat, kann dann in einer »Vorhersage- bzw. Kontrollphase« überprüft und ggf. durch das sog. »Backpropagation« verbessert werden. Insgesamt sind statistische Klimamodelle im Vergleich mit EBMs, RCMs und insbesondere GCMs für Verifikationsstudien anhand der Beobachtungsdaten geeignet. Soweit diese Daten es erlauben, ist eine zwei- oder dreidimensionale Auflösung prinzipiell kein Problem.

7 Produzieren wir unser eigenes Klima?

Gewollte und ungewollte Klimaänderungen

Der Mensch als Ursache von Klimaänderungen – dieses Problem ruft in der Öffentlichkeit heiße Diskussionen hervor. Schon 1896 hatte sich der schwedische Physiko-chemiker Arrhenius Gedanken darüber gemacht, ob die Freisetzung von Kohlendioxid durch die Nutzung der fossilen Energie nicht das Klima ändert und sogar erste Berechnungen dazu durchgeführt. In Deutschland hat beispielsweise Flohn (1961, 1970) frühzeitig auf diese Problematik hingewiesen. 1970 ging er sogar so weit, zu fragen: »Produzieren wir unser eigenes Klima?«

Grundsätzlich ist bei anthropogenen Klimaänderungen zwischen gewollten und ungewollten Effekten zu unterscheiden. Weiterhin können sich die Eingriffe auf sehr unterschiedliche räumliche bzw. zeitliche Größenordnungen beziehen. Und schließlich standen und stehen anthropogene Einflüsse auf das Klima stets in Konkurrenz zu natürlichen Klimaänderungen, überlagern sich in den Klimabeobachtungsdaten und sind daher nur schwer zu entdecken.

Gewollte anthropogene Klimaänderungen bis hin zum »Klimakrieg« werden von vernünftigen Menschen glücklicherweise nicht mehr ernsthaft diskutiert. Es ist aber gar nicht so lange her, daß in der ehemaligen Sowjetunion von dem Klimatologen (!) Budyko (1967) der Vorschlag gemacht worden ist, das arktische Eis mit Ruß zu bestreuen, um es aufgrund der dann verstärkten Absorption von Sonneneinstrahlung zum Abschmelzen zu bringen. Auch die in noch vor relativ kurzer Zeit verfolgte Idee, die großen sibirischen Flüsse nach Süden umzuleiten, oder der Vorschlag, riesige künstliche Seen anzulegen, und dies ausschließlich mit dem Ziel der gewollten Klimabeeinflussung (Schneider 1978), gehören in diese Kategorie. Inzwischen hat sich aber doch die Erkenntnis durchgesetzt, daß regional begrenzte künstliche Klimaänderungen wegen der vielen Querverbindungen und Rückkopplungen im Klimasystem eine Fiktion sind und überraschende Folgen in anderen Gebieten, aber auch im »Zielgebiet« selbst nach sich ziehen können.

Ganz anders ist das bei der ungewollten anthropogenen Klimabeeinflussung, die schon seit Jahrtausenden in Gang ist; denn jede Veränderung, die der Mensch auf der Erde durchführt, ja selbst seine Existenz allein, hat klimatologische Konsequenzen. Die Frage ist nur: in welchem quantitativen Ausmaß und in welchen räumlich-zeitlichen Charakteristika? Beispielsweise ist die sog. neolithische Revolution, d. h. das Seßhaftwerden des Menschen vor einigen tausend Jahren und der damit verbundene Übergang vom Nomadentum zu Ackerbau und Viehzucht von erheblichem Einfluß gewesen, weil er mit Waldrodungen zur Bereitstellung von Äckern und Weiden verbunden war. Zur Zeit des Römerreiches sind große Teile des mediterranen Raumes entwaldet worden, und in Deutschland hat zwischen 800 und 1200 n. Chr. der Waldanteil von 90 % auf 20 % abgenommen (heute ca. 30 %). Die Diskussionen und berechtigten Befürchtungen, die heute angesichts der umfangreichen Rodungen des tropischen Regenwaldes zum Ausdruck kommen, sind somit im Prinzip nichts Neues.

In industrieller Zeit ist neben dem Stadtwachstum bzw. den Waldrodungen und den damit verbundenen Klimaeffekten allerdings eine neue Dimension der anthropogenen Einflußnahme hinzugekommen, die über regionale Veränderungen der Erdoberfläche und damit verbundene Eingriffe in den Energie- und Stoffhaushalt weit hinausgehen: eine globale Veränderung der Zusammensetzung der Erdatmosphäre, bekannt vor allem in Zusammenhang mit dem Schlagwort »Treibhauseffekt« oder besser anthropogene Intensivierung des natürlichen »Treibhauseffektes«. Dieser mit den Weltproblemen Energie und Bevölkerung zusammenhängende Vorgang scheint die Menschheit vor bisher beispiellose Herausforderungen zu stellen, auch wenn die betreffenden Klimaänderungen im Detail noch unklar sind.

Alle diesen anthropogenen Eingriffe treten als ungewollte Nebeneffekte von menschlichen Aktivitäten in Erscheinung, die ihrerseits ihre Berechtigung haben, ähnlich wie Medikamente stets Nebenwirkungen aufweisen. Mit dem quantitativen Ausmaß der Aktivitäten, wie sie angesichts des exponentiellen Wachstums von Weltbevölkerung und Weltenergienutzung offensichtlich sind, werden aber die Nebenwirkungen mehr und mehr zum Problem. Um einen Überblick zu gewinnen, sollen nun, beginnend mit Waldrodungen, die derzeitigen anthropogenen Klimabeeinflussungen diskutiert werden.

Waldrodungen, Vordringen von Wüsten und Bodenverluste

Heute sind etwa 23 % der Landfläche der Erde mit Wald bedeckt, entsprechend rund 34 Millionen Quadratkilometern. Die prähistorischen Schätzungen für die frühe Zeit des Holozäns, vor der neolithischen Revolution, laufen auf rund 60 % hinaus. Rund ein Viertel der heutigen Waldfläche trägt der tropische Regenwald bei und rund 100000 Quadratkilometer, d. h. rund 1 % davon, werden jährlich gerodet (Abb. 48a, b). Vermutlich kommt ein fast gleich großer Prozentsatz im Bereich der borealen Nadelwälder Sibiriens und Kanadas noch hinzu.

Da Wald wie jede Vegetation biochemisch aktiv ist und dabei u.a. CO_2 der Luft entnimmt, um zu wachsen, bedeuten Waldrodungen eine indirekte Zufuhr von CO_2 in die Atmosphäre. Dies wird im Rahmen der anthropogenen Änderungen des Weltklimas (anthropogener »Treibhauseffekt«) wieder aufgegriffen. Schon hier aber muß darauf hingewiesen werden, daß Waldrodungen somit globale Klimaeffekte nach sich ziehen, auch wenn die Rodungen selbst nur regional geschehen.

Dennoch sind in diesem Fall die regionalen Effekte bedeutungsvoller. Dies gilt übrigens in verstärktem Maß für frühere Zeiten, als die Rodungsrate pro Zeit noch sehr viel geringer war. Große regionale Bedeutung hat der Wald u.a. als Wasserspeicher, der über den zum Teil ganz erstaunlich wirksamen Wurzelsog Grundwasser nach oben zieht und einen großen Teil davon über die Transpiration (Verdunstung an der Pflanzenoberfläche) an die Atmosphäre abgibt. (Im Mittel dient das Wasser den Pflanzen zu 98 % als Nährstofftransportmittel und nur zu 2 % zur Assimilation, d. h. zum Wachstum.) Biometeorologen haben herausgefunden, daß eine einzige Birke bis zu 70 Liter Wasser pro Tag an die Atmosphäre abge-

Abb. 48a. Zum Zwecke der Erschließung von abgelegenen Gebieten werden breite Schneisen in den Regenwald in Kalimantan (Borneo) geschlagen. (Foto: Burkhard Margraf).

ben kann. Es ist daher offensichtlich, daß gerodete Flächen den Wassernachschub an die Atmosphäre herabsetzen und somit die Bewölkungs- und Niederschlagsbildung reduzieren können.

Dieser Vorgang kann im übrigen eine positive Rückkoppelung in Gang setzen, wenn der zurückgehende Niederschlag das Pflanzenwachstum beeinträchtigt. Dies sowie weitere Unsicherheiten beeinträchtigen quantitative Abschätzungen der Klimaeffekte erheblich. Für den Fall einer Totalrodung des Regenwaldes im Amazonas-Becken ist mit Hilfe eines regionalen Klimamodells (GCM) ein dortiger Niederschlagsrückgang bis zu 2 bis 3 Millimeter pro Tag errechnet worden, wobei ein Millimeter einem Liter pro Quadratmeter entspricht. Dies wäre in Frankfurt/Main in etwa der gesamte Niederschlag, für die Tropen Südamerikas liefe das ungefähr auf eine Hal-

Abb. 48b. Zuwanderer aus den übervölkerten Gebieten siedeln sich in den bisher unzugänglichen Gegenden an und brennen weitere Waldfächen ab, um dort Nahrungskulturen anzubauen. (Foto: Burkhard Margraf).

bierung hinaus. Da aber Klimamodelle gerade bei Niederschlagsaussagen unsicher sind, bedeutet das nur eine Grobabschätzung, andererseits aber sicher ein großes Risiko.

Rodungsflächen führen weiterhin zu einer Reduzierung des latenten Wärmeflusses von der Erdoberfläche zur Atmosphäre, da die Verdunstung verringert ist. Dies wirkt sich thermisch in einer Temperaturerhöhung aus. Noch wichtiger ist wahrscheinlich die dämpfende Wirkung des Waldes auf den Tagesgang der Temperatur, so daß in gerodeten Flächen die Extremwerte häufiger werden. Auch die Schutzwirkung des Waldes gegen Wind und Bodenerosion ist nicht zu unterschätzen (Abb. 49). Dagegen schlagen die Albedoänderungen, d. h. die geänderte Reflektion der Sonneneinstrahlung an der Erdoberfläche, im allgemeinen weniger zu Buche, insbesondere wenn Wald in Kulturpflanzungen umgewandelt wird. Die

Abb. 49. Deutlich sieht man hier das Ergebnis, wenn zu steile Hanglagen gerodet werden. Nach dem ersten stärkeren Regen kommt es zu Erdrutschen, die die gesamte Vegetation und den fruchtbaren Boden wegreißen. Die Folge sind erodierte Oberflächen, die nicht wieder nutzbar gemacht werden können. (Foto: Burkhard Margraf).

genannten klimatologischen Aspekte, aber auch darüber hinausgehende Argumente wie z. B. die biologische Artenvielfalt, die in einem Ökosystem wie dem tropischen Regenwald besonders eindrucksvoll ist, sind in jedem Fall Grund genug, eher eine Vergrößerung der Waldflächen der Erde anzustreben als Waldrodungen durchzuführen.

Die genannten Albedoänderungen werden bedeutsam, wenn Wald oder andere Vegetation in Ackerland, Steppen und insbesondere Wüsten umgewandelt wird. Diese Gefahr der Verwüstung besteht vor allem in den Übergangszonen von den Trockengebieten (Subtropenzone, vgl. Abb. 44) in niederschlagsreichere aber noch nicht niederschlagsreiche Gebiete, wie das Beispiel der Sahelzone (Nordafrika, zwischen Tropen und Subtropenzone)

Abb. 50. Die Wüste auf dem Vormarsch. Djidda, das Schlangental nach einer 17jährigen Dürreperiode (1968 – 1985). Das Foto wurde unmittelbar nach den ersten Niederschlägen 1985 aufgenommen. (Foto: M. Mainguet).

zeigt. Auch der sich an die Subtropenzone polwärts anschließende mediterrane Raum gehört dazu, wo intensiv versucht wird, der Vegetation durch künstliche Bewässerung nachzuhelfen. Das Fachwort für Verwüstung bzw. Vordringen von Wüsten lautet: Desertifikation (Abb. 50). Obwohl anthropogene (z. B. Niederschlagsrückgang in Rodungsgebieten) und auch natürliche Klimaänderungen dabei mitwirken, wird die Hauptursache doch in zu intensiver landwirtschaftlicher Nutzung, insbesondere Überweidung, und auch direkten Rodungsauswirkungen gesehen.

Hand in Hand mit der Desertifikation gehen die Bodenverluste, die Herkendell u. Koch (1991) mit 75 Millionen Tonnen bzw. 60000 Quadratkilometern pro Jahr angeben; das ist etwas mehr als die Hälfte der Rodungen tropischen Regenwaldes. Betroffen ist vor allem Afrika, aber Wind- und Wassererosion läßt auch in Europa ungefähr 1 Milliarde Tonnen Boden pro Jahr verschwinden, der meist mit den Flüssen ins Meer transportiert wird. Die direkten klimatischen Auswirkungen sind trotz der damit verbundenen Albedoänderungen (hellere Erdoberfläche, Abkühlung) und Beeinträchtigungen des Wasserhaushaltes gering. Weit drastischer sind die Lebensgrundlagen der gesamten Biosphäre betroffen, die ohne Boden nicht existieren kann.

Stadtklima

Es liegt nahe, nach anthropogenen klimatischen Effekten dort zu suchen, wo sich die Aktivitäten des Menschen in besonderem Maße konzentrieren, nämlich in den Städten und Ballungsräumen der Industrie (Abb. 51). So sind die Abweichungen des Stadtklimas gegenüber dem Umlandklima schon seit vielen Jahren bekannt, und es gibt eine ganze Reihe von überzeugenden Befunden dafür. Tabelle 14, die in ihrem linken Teil für eine amerikanische Großstadt gelten mag, soll als Anhalt dafür dienen (die Angaben stammen von Landsberg 1969, sind im rechten Teil jedoch durch vorsichtigere neue Angaben ergänzt)

Die Ursache für das Stadtklima sind die Eingriffe in den Wärme- und Wasserhaushalt der Erdoberfläche durch Asphaltierung und Bebauung. Sie rufen den bekannten städtischen Wärmeinseleffekt hervor, der wegen

Abb. 51. Smogglocke über Los Angeles (Foto: Schönwiese).

der zusätzlichen Wärmequellen besonders im Winter ausgeprägt ist.

Die Emission von anthropogenen Gasen und besonders Aerosolen bewirkt einen Rückgang der solaren Einstrahlung, der im ultravioletten Spektralbereich am deutlichsten ist, aber auch eine Verminderung der terrestrischen Ausstrahlung, insbesondere nachts (relativ warme Nächte). Die erhöhte Aerosolkonzentration begünstigt die Wolkenbildung, da sich die Wolkentropfen bevorzugt an den Aerosolpartikeln bilden, die dann nämlich die bei der Kondensation frei werdende latente Wärme aufnehmen. Dies hat eine, allerdings schwer nachweisbare und vor allem im Lee der Stadt auftretende Erhöhung der Niederschlagstätigkeit und eine Herabsetzung der Sonnenscheindauer zur Folge. Die Wolkenbildung wird zum Teil vom Wärmeinseleffekt der Stadt begünstigt, da relativ warme Luft zum Aufsteigen – ver-

Tabelle 14. Einige typische Abweichungen des Stadtklimas gegenüber dem Umland. (Vergleich der Angabe nach Landsberg 1969, *links*, und Jendritzky 1992, *rechts*.) In dieser allgemeinen Form werden definitive quantitative Angaben heute als zu kühn angesehen und beim Nebel ist ein Umkehreffekt eingetreten: Dank der Verringerung des Aerosolgehaltes der Stadtluft durch Luftreinhaltungsmaßnahmen überwiegen heute die thermischen Effekte, welche die Nebelhäufigkeit in der Stadt herabsetzen.

Klimaelement	Abweichung vom Umland nach Landsberg (1969)	Jendritzky (1992)
Globalstrahlung[a]	− 15% bis − 20%	geringer (insbes. Winter)
ultraviolette Strahlung[b]	− 10% bis − 30%	geringer (insbes. Winter)
Sonnenscheindauer	− 5% bis − 15%	geringer
bodennahe Lufttemperatur[b]	+ 1° C bis + 3° C	höher (insbes. nachts)
bodennahe relative Luftfeuchtigkeit[c]	− 2% bis − 10%	geringer
Regenmenge	+ 5% bis + 10%	mehr (insbes. Sommer)
Zahl der Regentage	ca. + 10%	mehr (insbes. Sommer)
Bewölkungsgrad	+ 5% bis + 10%	höher
Nebel und schlechte Sicht[b]	+ 50% bis + 100%	**weniger**
Windgeschwindigkeit	− 10% bis − 30%	geringer, aber größ. Böigkeit
Aerosole (feste Schwebteilchen)	ca. + 100%	mehr (insbes. Winter)

[a] Summe aus direkter Sonnen- und diffuser Himmelsstrahlung.
[b] Abweichung besonders groß im Winter.
[c] Abweichung besonders groß im Sommer.

gleichbar einem Heißluftballon – und aufsteigende Luft zur Wolkenbildung neigt.

Der städtische Einfluß auf die Nebelbildung hat sich im Laufe der Zeit geändert. Einerseits fördert die hohe Aerosolkonzentration die Nebelbildung, da Nebel nichts anderes als eine in Bodennähe auftretende Wolke ist; dies war der früher dominierende Effekt. Andererseits wirkt eine Erwärmung der Nebelbildung entgegen, was – u.a. wegen der Fortschritte bei der Luftreinhaltung von Stäuben – heute überwiegt. Die relativ geringen Windgeschwindigkeiten in der Stadt sind auf erhöhte Reibungswirkungen aufgrund der Bebauung zurückzuführen. Es sind aber auch gegenteilige Effekte bekannt, z. B. Düsenwirkungen zwischen Hochhäusern.

Troposphärische Partikel

Auch wenn Industriestäube mehr und mehr durch Filteranlagen zurückgehalten werden und der Einsatz von Entschwefelungs- und Entstickungsanlagen Fortschritte macht, gelangen doch noch viele Schadgase in die Atmosphäre. Da hier nicht toxische Wirkungen, sondern ausschließlich Klimaeffekte behandelt werden sollen, darf sich die Diskussion auf Sulfat- und Rußpartikel beschränken.

Dabei geht es nicht um die schon erörterten, sehr klimawirksamen stratosphärischen Sulfatpartikel, die vulkanisch und somit natürlich in die Atmosphäre gelangen, sondern solche Sulfatpartikel (Aerosole, SO_4), die durch Gas-Partikel-Umwandlung aus anthropogen emittiertem Schwefeldioxid (SO_2) entstehen. Quellen dafür sind diverse Verbrennungsprozesse in Industrie, Haushalten und Verkehr, insbesondere die Kohleverbrennung. Rauchgasentschwefelungsanlagen können aus wirtschaftlichen und technischen Gründen nur in Großkraftwerken angewendet werden und arbeiten selbst bei großem Aufwand nie hundertprozentig. Dies gilt in noch höherem Ausmaß für Entstickungsanlagen.

Die so entstandenen Sulfatpartikel haben allerdings wie alle troposphärischen Aerosole nur mittlere Verweilzeiten von einigen Tagen – ganz im Gegensatz zu ihren stratosphärischen Verwandten. Somit können sie immer nur regional klimawirksam sein und benötigen für diese Wirksamkeit ständig ausreichenden Nachschub. Dennoch ist dieses Problem in den letzten Jahren verstärkt in die Klimadiskussion getragen worden. Das hat u.a. auch zu entsprechenden Klimamodellrechnungen geführt, die folgendes aussagen (Charlson 1991):

> Der Strahlungseffekt liegt weltweit gemittelt weit unter 0,5 Wm^{-2} und ist daher noch nicht einmal in zehntel Grad Temperatureffekt ausdrückbar. Regional werden jedoch Maxima von 2 Wm^{-2} in den östlichen USA und sogar bis 4 Wm^{-2} im östlichen Mittelmeerraum erreicht, was entsprechenden Temperatureffekten von etwa 0,7 bis 1,5°C entspricht, und zwar in Richtung einer Abkühlung. Auch in China liegt ein relatives Maximum der SO_4-Konzentration und somit Abkühlung vor (ca. 3 Wm^{-2}). Abgesehen von den Schwellenländern China und Indien und entsprechenden regionalen Auswirkungen darf man aber davon ausgehen, daß sich diese Klimaeffekte in Zukunft nicht verstärken werden. So ist in Deutschland seit ungefähr 1970 die atmosphärische SO_2-Konzentration stark rückläufig. Seit Ende der achtziger Jahre ist endlich auch bei NO_x eine Trendwende zu bemerken.

Generell wirken Stäube und andere troposphärische Partikel tagsüber dazu über relativ dunklem Untergrund, wie z. B. Wald- und Ackerflächen, abkühlend, über relativ heller Erdoberfläche, wie z. B. Schnee und Sand, aber erwärmend. Dies hängt wieder einmal mit dem Einfluß auf die Reflektion der Sonneneinstrahlung zusammen. Nachts wird generell die terrestrische Wärmeausstrahlung reduziert, was Erwärmungen zur Folge haben sollte. Quantitativ sind diese Effekte aber umstritten. Eine gewisse Ausnahme bilden die arktischen Staub- und Dunstschichten (arctic haze), denen eine (erhebliche, aber quantitativ auch nicht ganz geklärte) Erwärmung zugeschrieben wird.

Ein bisher beispielloses Experiment mit troposphärischen Partikeln ist im Golfkrieg (1991) angestellt worden, als der Irak einen Großteil der kuwaitischen Ölquellen in Brand setzte. Während das dabei freigesetzte CO_2 weniger als 1 % der sowieso schon durch die weltweite Energienutzung freigesetzten jährlichen Menge entsprach, machten die schätzungsweise insgesamt entstandenen 5 Mt Ruß – nicht zuletzt wegen der weiterhin sichtbaren Brände – einen großen Eindruck auf die Öffentlichkeit. Sowohl nach Klimamodellrechnungen (Bakan et al. 1991) als auch durch Messungen waren Klimaeffekte aber nicht nachweisbar. Anders wäre das bei einem Weltatomkrieg. Dazu liegen verschiedene Studien (Crutzen u. Birks 1982; WMO 1987) vor, die von einer Freisetzung von 300 bis 500 Mt Ruß ausgehen, durch Sonneneinstrahlung und Erwärmung eine Anhebung in größere Hohen und dann erhebliche Abkühlungen befürchten lassen. Indes darf man hoffen, daß die politische Szene den menschenverachtenden Wahnsinn eines solchen »nuklearen Winters« nicht zulassen wird.

Anthropogene Verstärkung des »Treibhauseffektes«

Im Zentrum der wissenschaftlichen Diskussion um anthropogene Klimaänderungen steht zweifellos die Problematik der anthropogenen Verstärkung des »Treibhauseffektes«, während sich die Öffentlichkeit meist mehr um das sog. »Ozonloch« kümmert, das zwar biologische, aber keine oder nur untergeordnete Klimabedeutung aufweist. Wie bereits in Kap. 5 erwähnt, reicht die wissenschaftliche Erörterung bis Arrhenius (1896) zurück, die Theorie des natürlichen »Treibhauseffektes« sogar noch erheblich weiter. Somit dreht es sich nicht um neue Behauptungen oder gar eine Finte der Klimatologen, sondern um wissenschaftliche Erkenntnisse, die sich im Laufe der Jahrzehnte mehr und mehr erhärtet haben. Unterstützt wurde diese Entwicklung durch immer fortgeschrittenere Klimamodelle sowie ständig anwachsende und verbesserte Informationen der Klimadiagnostik (Beobachtungsdaten und deren statistische Analyse).

Dabei geht es um eine Reihe von »Treibhausgasen«, wie sie in Tabelle 15 zusammengestellt sind. Die meisten davon sind uns in Zusammenhang mit den physikalischen Grundlagen des »Treibhauseffektes« auch schon in Kap. 5 begegnet; nur ist die Gewichtung nun eine andere (vgl. auch Tabelle 12). Der wichtige Punkt ist dabei, daß diese Gase – ausgenommen lediglich das troposphärische O_3 – eine lange Verweilzeit besitzen, und daß sie unabhängig vom Emissionsort generell global wirksam sind. Und die damit zusammenhängenden menschlichen Wachstumsprozesse sind in industrieller Zeit mit atemberaubenden Steigerungsraten abgelaufen, ohne daß derzeit eine Trendwende erkennbar wäre.

Tabelle 15. Übersicht einiger Charakteristika der wichtigsten klimawirksamen Spurengase, die anthropogen in ihren atmosphärischen Konzentrationen zunehmen und daher den »Treibhaus-Effekt« verstärken. (Nach IPCC Houghton et al. 1990, 1992; ergänzt und verändert).

Gas, chemische Formel	Anthropogene Emission[a]	derzeitige[a] (und vorind.) Konzentration	mittlere Verweilzeit	rel. mol. THP[b]	Gesamteffekt[e]
Kohlendioxid, CO_2	29 Gt a^{-1}	355 (280) ppm	5–10 Jahre[c]	1	61%
Methan, CH_4	400 Mt a^{-1}	1,7 (0,8) ppm	10 Jahre	11	15%
FCKW[d]-11	1 Mt a^{-1}	0,25 (0) ppb	55 Jahre	3400	11%
-12		0,45 (0) ppb	115 Jahre	7100	
Distickstoffoxid, N_2O	10 Mt a^{-1}(?)	0,31 (0,29) ppm	130 Jahre	270	4%
Ozon, O_3 (bodennah)	0,5 Gt a^{-1}(?)	15–50 (?) ppb	1– 3 Monate	?	9%

[a] 1991 (vorind. ca. 1800).
[b] Relatives molekulares Treibhauspotential bei Annahme eines 100-Jahre-Zeithorizontes.
[c] Aber anthropogene Störungszeit 50–200 Jahre.
[d] Fluorchlorkohlenwasserstoffe.
[e] Das heißt Beitrag zum anthropogenen (Zusatz-) Treibhauseffekt bei Annahme eines 100-Jahre-Zeithorizontes, wobei im Wert 9% außer O_3 alle weiteren Treibhausgase berücksichtigt sind.

Die derzeitige (Bezugsjahr 1991, vgl. Tabelle 15) anthropogene Emission von CO_2 liegt bei 29 Gt bzw. 8 Gt C (Kohlenstoffeinheiten) pro Jahr. Quellen sind mit 75 % (1991 rund 22 Gt CO_2 oder 6 Gt C) die Nutzung der fossilen Energie (Verbrennung von Kohle, Erdöl und Erdgas, einschließlich Verkehr), mit 20 % indirekt die Waldrodungen und mit 5 % restliche Anteile, insbesondere die Holzverbrennung in den Entwicklungsländern. Die rasante Steigerung – 1860 wurden noch weniger als 0,1 Gt C durch fossile Brennstoffe emittiert – hängt damit zusammen, daß sich 1990-1995 die Weltprimärenergienutzung von rund 1 Gt SKE (Steinkohleeinheiten) auf 15 Gt SKE gesteigert hat (die Weltbevölkerung gleichzeitig von 2 auf 5,7 Milliarden) und derzeit 91 % davon auf fossilen Energieträgern beruhen (ohne Biomasseverbrennung). Dies hat den in Abb. 45 ersichtlichen atmosphärischen CO_2-Konzentrationsanstieg zur Folge gehabt (in seiner Spannweite auch in Tabelle 15 angegeben). Im Gegensatz zum natürlichen »Treibhauseffekt« (vgl. Tabelle 12) ist bei dessen anthropogener Verstärkung CO_2 mit rund 60 % Anteil an den Klimaeffekten das dominierende Spurengas, sofern für diese Schätzung ein 100-Jahre-Zeithorizont zugrundegelegt wird (IPCC, Houghton et al. 1990, 1992).

Die weiteren in Tabelle 15 ersichtlichen Gase können in ihren Quellen hier nur summarisch betrachtet werden:

CH_4, rund 270 Mt C (28 % aus fossiler Energie, 22 % aus Viehhaltung, 17 % aus Reisanbau; außerdem Biomasseverbrennung, Landnutzung, Müllhalden und Abwasser);

- FCKW ca. 1 Mt C (Spraydosen, Kältetechnik, Dämmaterialien, Reinigung);
- N$_2$O ca. 3 Mt N mit großer Unsicherheit (vor allem aus landwirtschaftlicher Düngung und Bodenbearbeitung);
- troposphärisches O$_3$ (über diverse Vorläufergase wie NO$_x$, CO u.a. aus dem Verkehrs- und Energiebereich).

Wasserdampf (H$_2$O) spielt direkt nur in der Stratosphäre und oberen Troposphäre (aus dem Flugverkehr) eine Rolle, hat aber indirekt eine große Bedeutung, worauf noch zurückzukommen sein wird.

In Abb. 52 ist neben der atmosphärischen CO$_2$-Konzentration auch die sog. äquivalente Konzentration zu erkennen, die dadurch abgeschätzt wird, daß die Beiträge der über CO$_2$ hinausgehenden »Treibhausgase« in CO$_2$-Konzentrationswerte umgerechnet und zu diesen addiert werden. Schreibt man die derzeitigen Trends fort, so ist eine Verdoppelung gegenüber dem vorindustriellen Wert beim CO$_2$ in grob 100 Jahren und bei den CO$_2$-Äquivalenten in etwa 30 bis 60 Jahren zu erwarten. Das IPCC-Trendfortschreibungsszenario A (»business-as-usual«) nimmt ein Erreichen von 600 ppm äquivalenter CO$_2$-Konzentration im Jahr 2025 an (Houghton et al. 1990) und liegt damit an der oberen bzw. frühen Grenze der sonstigen aus der Literatur ersichtlichen Schätzungen (vgl. Abb. 52).

Nun gibt es eine ganze Reihe von Gleichgewichtssimulationen mit Hilfe sehr unterschiedlicher Klimamodelle (vgl. Kap. 6; EBM, RCM, GCM), in denen die Temperaturreaktion auf eine atmosphärische CO$_2$-Verdopplung simuliert worden ist. Als Ausgangswerte wurden dabei je nach Modell CO$_2$-Konzentrationen zwischen 280 und 330 ppm benutzt, in einem Fall (DKRZ, Cubasch et al. 1992) auch eine äquivalente CO$_2$-Konzentra-

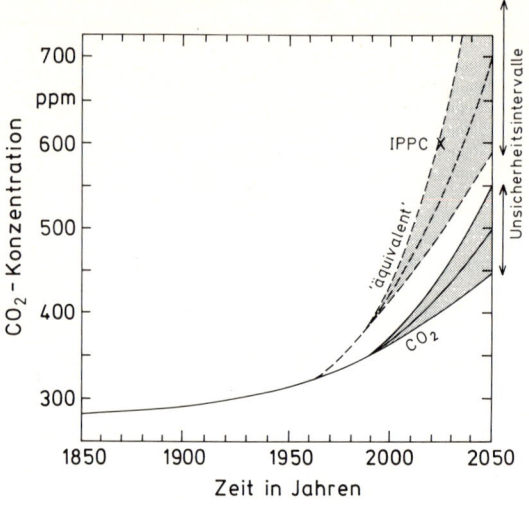

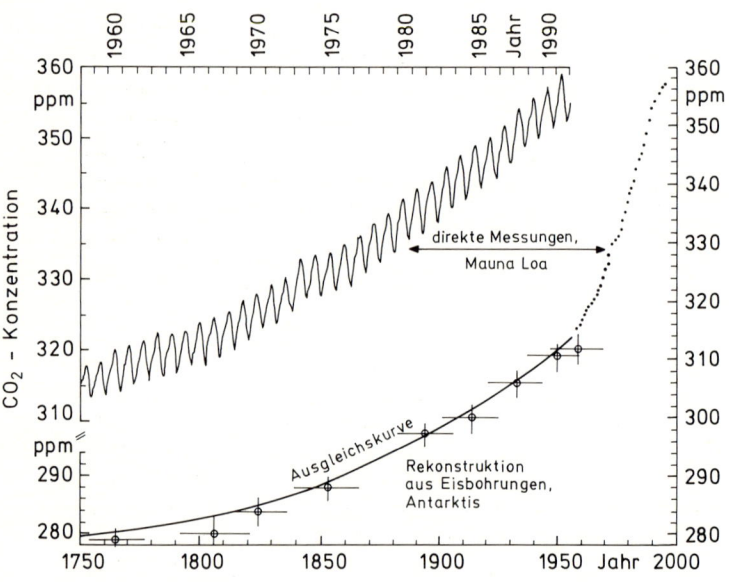

Abb. 52. Anstieg der atmosphärischen Kohlendioxid (CO_2)-Konzentration 1750 bis 1993 nach direkten Messungen auf dem Mauna Loa, Hawaii, ab 1958 (Jahresmittelwerte, *Punkte im rechten*

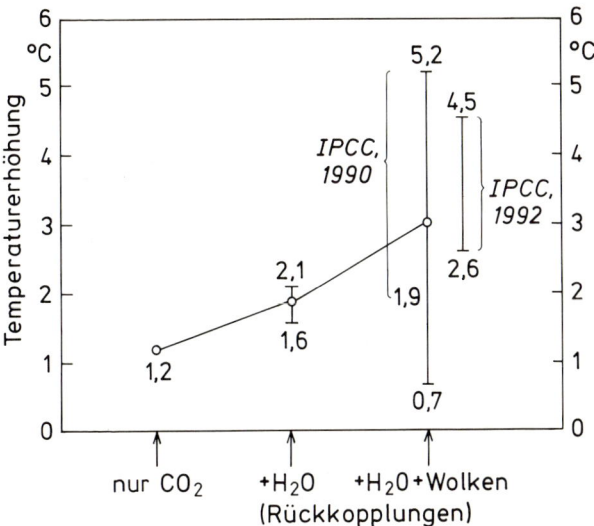

Abb. 53. Erhöhung der global und jährlich gemittelten bodennahen Lufttemperatur im Fall einer atmosphärischen CO_2-Verdopplung, ohne und mit ausgewählten Rückkopplungen (wobei die Wolkenrückkopplung praktisch die Unsicherheit aller anderen erfaßten Rückkopplungssysteme mit einschließt). Grundlage sind Gleichgewichtsimulationen verschiedener Klimamodellberechnungen. (Nach Cess et al. 1990, Auswertung von 19 Klimamodellrechnungen; bzw. Roeckner 1988; IPCC umfaßt nur die aufwendigen atmosphärisch-ozeanischen Zirkulationsmodelle, Houghton et al. 1990, 1992).

Bildteil bzw. Monatsmittelwerte), und Eisbohrkernrekonstruktionen in der Antarktis (*Kreuze*, die zugleich die Unsicherheitsbereiche angeben). Die Ausgleichskurve verbindet die Rekonstruktions- und direkten Meßdaten mit Hilfe einer doppelt-logarithmischen Regression. Außerdem sind im oberen Bild auch die zugehörigen und in die Zukunft extra polierten Werte der äquivalenten CO_2-Konzentration vermerkt. (Nach Keeling 1989; NOAA 1994, jeweils Mauna Loa; Neftel et al. 1985, Rekonstruktion; Schönwiese 1986, Regression; weitere Quellen IPCC u.a. zusammengestellt nach Schönwiese 1994a).

tion von 390 ppm. Die Ergebnisse sind bezüglich der bodennahen Weltmitteltemperatur in Abb. 53 zusammengefaßt, und zwar unter Auswertung von 19 verschiedenen Simulationen (Cess et al. 1990) und Angabe der IPCC-Schätzungen (Houghton et al. 1990, 1992).

Dabei ist interessant, daß ohne Berücksichtigung von Rückkopplungen alle Modelle bei 1,2°C Temperaturerhöhung landen. Von den verschiedenen berücksichtigten Rückkopplungen (darunter natürlich auch die mehrfach genannte Eis-Albedo-Rückkopplung) zeigt der Wasserdampf (wegen erhöhter Verdunstung bei steigender Temperatur) einen positiven Effekt, d. h. eine Verstärkung. Die wegen der verschiedenen Modellergebnisse auftretende Unsicherheit hält sich mit 1,6 bis 2,1°C sehr in Grenzen. Dagegen gehen bei Berücksichtigung der Wolken die Schätzungen – und dies sogar bei der global gemittelten Temperatur – weit auseinander: 0,7 bis 5,2°C, d. h. positive wie negative Rückkopplungen werden vermutet. Beschränkt man sich jedoch auf die fortgeschrittensten Modelle, nämlich gekoppelte atmosphärisch-ozeanische Zirkulationsmodelle (AGCM + OGCM, z. Z. Simulationen von vier Forschungsinstituten), so schrumpft die Unsicherheit auf 2,6 bis 4,5°C. Dies bedeutet, daß alle diese fortgeschrittenen Modelle zu einer positiven Wolkenrückkopplung gelangen. Trotzdem ist im Rahmen der vielen, zum Teil in Kap. 6 bereits genannten Unsicherheiten von Klimamodellen die Unschärfe der Wolkenabschätzungen vermutlich am größten, so daß die in Abb. 53 bei »H$_2$O + Wolken« angegebene Spannweite andere Unsicherheiten mit einschließt. Dem von Lindzen (1993) ohne Modellrechnung ins Spiel gebrachten Argument, die Wasserdampfrückkopplung (H$_2$O) sei insbesondere in den Tropen negativ, schwäche also die anthropogene Verstärkung der »Treibhauseffektes« ab, stehen Beobachtungsergebnisse von gerade dort zunehmender Feuchte entgegen (Flohn et al. 1992).

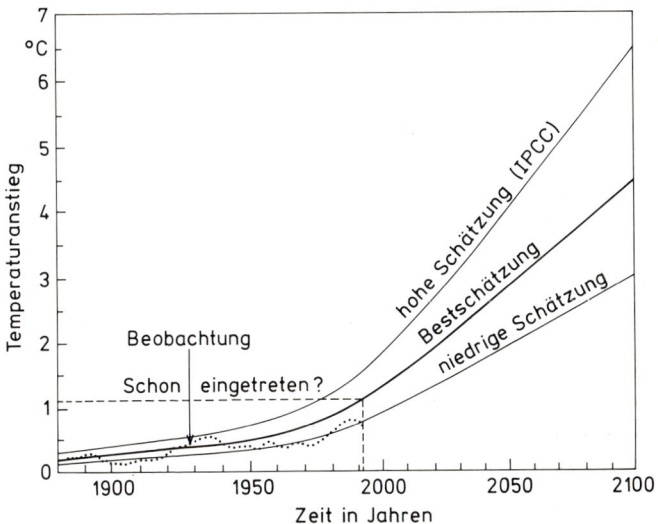

Abb. 54. Transiente Klimamodellabschätzungen des Anstiegs der bodennahen Weltmitteltemperatur im Falle einer Trendfortschreibung des atmosphärischen CO_2-Anstiegs der Atmosphäre; Energiebilanz-Modellrechnung mit Angabe des Unsicherheitsbereiches. (Nach IPCC, Houghton et al. 1990, 1992).

Einen Überblick der transienten, d. h. zeitabhängigen Modellabschätzungen, ebenfalls mit Blick auf die bodennahe Weltmitteltemperatur und wieder unter Einschluß einfacher Modellkonzeptionen (EBM), bringt Abb. 54. Dabei ist das IPCC-Trendfortschreibungsszenario A (»business-as-usual«) zugrundegelegt, das bis zum Jahr 2025 das Erreichen einer äquivalenten CO_2-Konzentration von 600 ppm annimmt (vgl. Abb. 52 oben). Da insbesondere der Ozean wegen seiner großen Wärmekapazität und daher trägen Temperaturreaktion die Erwärmungseffekte verzögert, laufen die transienten Schätzungen, die einer CO_2-Verdoppelung entsprechen, auf 1 bis 3°C hinaus (Abb. 54) verglichen mit 2,6 bis 4,5°C in

Abb. 53. Etwa 0,7 bis 1,5°C Temperaturerhöhung müßten demnach schon eingetreten sein. Es wäre aber falsch – auch wenn das oft praktiziert wird – dies einfach mit dem beobachteten Trend von rund 0,5°C zu vergleichen (vgl. Abb. 15), weil die hier besprochenen Modellergebnisse nur die Erwärmung aufgrund der anthropogenen Verstärkung des »Treibhauseffektes« beinhalten, die Beobachtungsdaten aber darüber hinaus die ganze Vielfalt weiterer anthropogener und vor allem natürlichen Einflüsse. So wird sich die scheinbare Diskrepanz zwischen Modell und Beobachtung an späterer Stelle auch zumindest teilweise auflösen lassen.

Zunächst sollen aber noch die weiteren Modellvorhersagen zum »Treibhauseffekt« zusammengefaßt werden. Regional gesehen macht es nicht sehr viel Sinn, über zonal (d. h. in West-Ost-Richtung) gemittelte Aussagen hinaus zu gehen. Ein solches Bild, und zwar aufgrund der Berechnungen am Deutschen Klimarechenzentrum (DKRZ, Cubasch et al. 1992) ist in Abb. 55 zu sehen. Es stellt wiederum unter Zugrundelegung der IPCC-Trendfortschreibung, die transiente Erwärmung zwischen den Dekaden 1985/94 bis 2075/84 dar, was einem Anstieg der äquivalenten CO_2-Konzentration von rund 400 auf rund 1100 ppm (in etwa Verdreifachung) entspricht. Auch andere Modellrechnungen zeigen die Haupteffekte im jeweiligen Winter hoher geographischer Breiten der beiden Hemisphären, was qualitativ weitgehend mit der entsprechenden Struktur der Beobachtungsdaten übereinstimmt (vgl. Abb. 18). Auch zeigen sich aus verständlichen Gründen die Erwärmungen mehr im kontinentalen als im maritimen Bereich. Dies alles gilt aber nur für die bodennahe Atmosphäre. In praktisch allen Modellergebnissen steht der troposphärischen Erwärmung eine stratosphärische Abkühlung gegenüber, da die Absorptions-

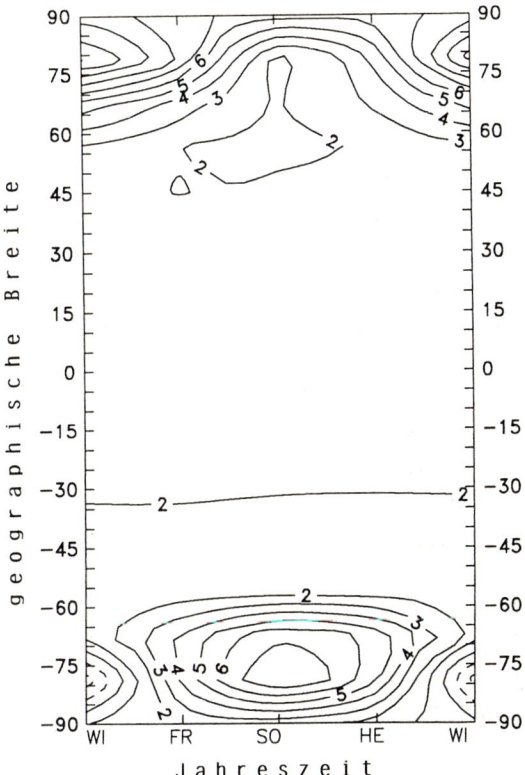

Abb. 55. Aufschlüsselung des Anstiegs der bodennahen Weltmitteltemperatur nach Jahreszeit und geographischer Breite bei Annahme einer Trendfortschreibung der äquivalenten CO_2-Konzentration ähnlich wie in Abb. 54. Dargestellt sind Isolinien in K (bzw. °C) eines transienten Modellaufs, Mittelwerte der Jahre 2075 bis 2084 minus 1985 bis 1994, des Deutschen Klimarechenzentrums (DKRZ, Daten nach Cubasch et al. 1992, 1994).

wirkung der Treibhausgase die Wärmeflüsse in die Stratosphäre reduziert.

Auf die quantitativen Unsicherheiten, insbesondere bei Regionalaussagen, ist bereits hingewiesen worden. Dies gilt in erhöhtem Maße für den Niederschlag, der – wie schon erläutert – nur aus GCM-Simulationen zugänglich ist. Eine gewisse Kongruenz der Modellergebnisse ist dahingehend festzustellen, daß sie in den Tropen und vor allem im Übergangsbereich zwischen den Subtropen und der gemäßigten Klimazone (z. B. Mittelmeergebiet) Niederschlagsrückgänge prophezeien, in den Polarregionen dagegen eine Niederschlagszunahme, woraus eine sich dort verstärkende Eisakkumulation ableitet. Trotzdem wird – im globalen Mittel – mit einem Anstieg der Meeresspiegelhöhe gerechnet, bis zum Jahr 2025 nach IPCC (Houghton et al. 1990, 1992) allerdings nur um 10 bis 30 cm gegenüber 1985, weil die thermische Expansion des (oberen) Ozeans und Rückschmelzen außerpolarer Gebirgsgletscher überwiegen.

In Mitteleuropa zeichnen sich – dies mit aller Vorsicht – eine winterliche Zunahme und eine sommerliche Abnahme des Niederschlags ab. Eine Verschiebung in Richtung häufigerer Starkniederschlagsereignisse in Zusammenhang mit der Änderung der vertikalen Temperaturschichtung ist denkbar (dies aber nicht in den Tropen, wo die Haupterwärmung anscheinend nicht bodennah, sondern in der mittleren Troposphäre auftritt). Bei der Luftfeuchte wird überwiegend eine Zunahme erwartet, wie das auch die Abb. 53 zeigt (positive H_2O-Rückkopplung).

Leider bestehen gerade hinsichtlich der Klimaelemente, die für deren ökologische und sozioökonomische Auswirkungen besonders wichtig sind, bei den Modellvorhersagen große Unsicherheiten. Das betrifft neben dem Niederschlag, Bodenwassergehalt usw. generell auch alle Extremereignisse, einschließlich des Windes, bei dem Modellaussagen und Klimadiagnostik so widersprüchlich sind, daß man darüber eigentlich nur spekulieren kann. Bei den so wichtigen Methoden und Modellen zur Erforschung der Auswirkungen von Klimaänderungen – dies durchaus generell, also nicht nur hinsichtlich anthropogener Änderungen – besteht trotz einer Reihe von interessanten Ergebnissen noch viel Entwicklungsbedarf. Außerdem stehen sie am Ende einer Kaskade von Modellen, bei denen man befürchten muß, daß sich die Unsicherheiten von Stufe zu Stufe verstärken:

- Szenarien menschlichen Verhaltens und entsprechender Emissionen (so unsicher, daß man sich meist mit Trendfortschreibungen bzw. Annahmen behilft);
- Stoffflußmodelle zur Abschätzung der daraus resultierenden atmosphärischen Spurengas- und Partikelkonzentrationen;
- Klimamodelle im eigentlichen Sinn (vgl. Kap. 6);
- Abschätzung der Auswirkungen in ökologischer, ökonomischer und sozialer Hinsicht, sog. Impaktmodelle.

Aus allen diesen Problemen und Unsicherheiten ergibt sich ein zwingender Bedarf an Verifikationsmethoden anhand von Beobachtungsdaten. Vor einer solchen Diskussion soll aber noch ein Blick auf die Stratosphäre geworfen werden.

Stratosphärischer Ozonabbau

Das atmosphärische Ozon (O_3) spielt in dreierlei Hinsicht eine wichtige Rolle:

- Es ist reaktives und toxisches Spurengas, das aus diesem Grund in der unteren Atmosphäre unerwünscht ist (Gesundheits- und Waldschäden).
- Es gehört trotz seiner Reaktionsfreudigkeit und daher mehr regionalen (Ballungszentren) als globalen Wirksamkeit zu den »Treibhausgasen«. Diese ebenfalls die Troposphäre betreffende Bedeutung ist bereits behandelt worden (vgl. Tabelle 12 und 15).
- In der Stratosphäre hat sich, im Gegensatz zur unteren Atmosphäre (vgl. Tabelle 1), eine relativ hohe Konzentration von ca. 5 bis 10 ppm ausgebildet, die sog. Ozonschicht. Diese bewirkt eine Absorption und somit Abschirmung der unteren Atmosphäre der UV-Einstrahlung des Wellenlängenbereiches unter 0,3 µm (vgl. Abb. 40).

Während die troposphärische O_3-Konzentration, wie in Zusammenhang mit der anthropogenen Verstärkung des »Treibhauseffektes« besprochen, zunimmt, ist in der Stratosphäre das Gegenteil der Fall, und dies auch wieder aus anthropogenen Gründen: Die FCKW-Gase, die ebenfalls den »Treibhauseffekt« verstärken, haben außerdem die Eigenschaft, diffusiv in die Stratosphäre aufzusteigen. Während sie in der Troposphäre überaus reaktionsträge sind, was in den langen Verweilzeiten zum Ausdruck kommt (vgl. Tabelle 15), verbinden sich die in ihnen enthaltenen Chloratome in der Stratosphäre über komplizierte Reaktionszyklen mit dem dortigen O_3 und bauen es daher ab. Ähnliches gilt für das in den Halonen enthaltene Brom und noch einige andere Substanzen.

Bei diesen Vorgängen ist aber zu beachten, daß die natürliche stratosphärische O_3-Konzentration regional und jahreszeitlich stark variabel ist (über den Tropenregionen befindet sich beispielsweise ständig wenig O_3) und auch der O_3-Abbau sehr unterschiedlich abläuft. Der stärkste Abbau ist bisher im antarktischen Frühjahr beobachtet und mit dem übertriebenen Schlagwort »Ozonloch« belegt worden.

Der stratosphärische O_3-Abbau hat ernste biologische Konsequenzen, die mit der dadurch verstärkten UVB-Einstrahlung zusammenhängen; deshalb darf er auch hier nicht unerwähnt bleiben. Direkte Klimaeffekte – denkbar wäre eine Abkühlung der Stratosphäre und Erwärmung der Troposphäre – werden aber entweder unwahrscheinlich oder für gering erachtet, obwohl es auch hier erhebliche quantitative Unsicherheiten gibt.

Größere Bedeutung messen die Klimatologen – somit immer nur im Hinblick auf das Klima – zwei Querverbindungen zwischen dem »Treibhauseffekt« und »Ozonloch« zu: Die stratosphärische Abkühlung durch die anthropogene Verstärkung des »Treibhauseffektes« begünstigt dort, und dies besonders in den Polargebieten, die Vorbedingungen der FCKW-Akkumulation, was sich danach, im antarktischen und u. U. auch arktischen Frühjahr, in einem verstärkten O_3-Abbau äußert; und die vermehrt in den Ozean eindringende UVB-Strahlung schädigt dort einige Mikroorganismen, was eine verringerte Aufnahmekapazität des Ozeans für CO_2 und damit einen Beitrag zur CO_2-Anreicherung der Atmosphäre bedeuten kann.

Synthese und Abgrenzungsprobleme

Nach der Einzelbehandlung einer ganzen Reihe von natürlichen (vgl. Kap. 5) und anthropogenen (vgl. Kap. 7) Ursachen für Klimaänderungen lauten nun die entscheidenden Fragen:

Wie wirkt dies alles im Klimageschehen zusammen? Und wie lassen sich die einzelnen Ursachen und Effekte in den Klimabeobachtungsdaten voneinander abgrenzen, insbesondere die anthropogenen von den natürlichen? Übrigens nennt man die einzelnen Ursachen zuordnenbaren Effekte »Klimasignale«, die Gesamtvariabilität »Klimarauschen«.

Ein Klimamodell, daß die vollständige physikalische Synthese liefern würde, existiert nicht und wird auch in absehbarer Zukunft nicht existieren. Jedoch gibt es Versuche, mit Hilfe vereinfachter Modelle (EBM, zum Teil auch RCM; vgl. Kap. 6) in Zusammenhang mit der anthropogenen Verstärkung des »Treibhauseffektes« einige in vergleichbarer zeitlich-räumlicher Größenordnung wirkende Faktoren sozusagen zusammenzuschalten (vgl. dazu auch Tabelle 11). Beim Problem des Kalt-/Warmzeitzyklus besteht weniger die Schwierigkeit der Konkurrenzmechanismen als vielmehr die korrekte Erfassung der in dieser Größenordnung wirksamen Rückkopplungsprozesse. Die Abb. 56 zeigt einen Vergleich des CO_2-Verdopplungssignals mit anderen in gleicher Zeit möglichen anthropogenen Spurengassignalen sowie weiteren anthropogenen sowie natürlichen Klimasignalen, alles jeweils bezogen auf die bodennahe Weltmitteltemperatur. Allerdings weisen neueste Untersuchungen darauf hin, daß die auf das troposphärische Sulfat (H_2SO_4 bzw.

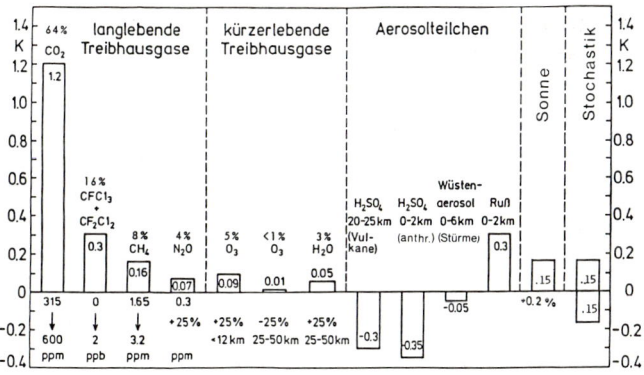

Abb. 56. Vergleich verschiedener Konkurrenzmechanismen in ihrer Wirkung auf die globale bodennahe Weltmitteltemperatur, nach RCM- und EBM-Simulationen. (Nach Hansen et al. 1988; Wigley et al. 1991; zusammengestellt und verändert nach Schönwiese 1994).

SO_4, 0 bis 2 km Höhe) und den in gleicher Höhe wirksamen Ruß stark überschätzt sind (Bakan et al. 1991), sich vielleicht auch gegenseitig kompensieren, vor allem aber in der Zukunft keine tragende Rolle spielen werden. Bleiben das CO_2-Signal, das äquivalente CO_2-Signal (bei Einbezug der wichtigsten weiteren »Treibhausgase«), der Vulkanismus, die Sonnenaktivität und stochastische Wirkungen als wichtigste Konkurrenzmechanismen in der dabei betrachteten Größenordnung. Hinzuzunehmen ist noch das ENSO-Phänomen, das Hansen et al. (1988) in ihrer synthetischen Studie leider weggelassen haben.

Allerdings ist es kaum möglich, stochastische Wirkungen, die im wesentlichen Zufallseffekte atmosphärisch-ozeanischer Wechselwirkungen darstellen, zugleich mit deterministischen Modellen zu behandeln, in denen wohldefinierte Ursache-Wirkungs-Beziehungen bestehen. Vielmehr muß mit Hilfe spezieller stochastischer Modelle abgeschätzt werden, welches Ausmaß Zufallsvariationen

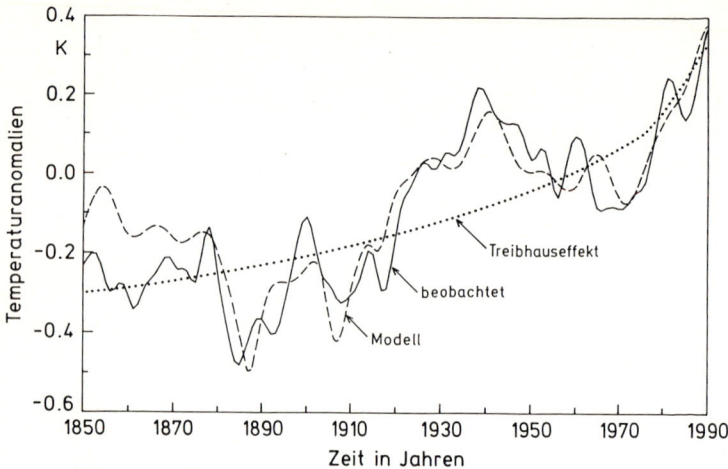

Abb. 57. Beobachtete zehnjährig geglättete Variationen der bodennahen nordhemisphärisch gemittelten Lufttemperatur 1850 bis 1990 (vgl. Abb. 16), Reproduktion durch ein multiples Regressionsmodell *(gestrichelt)* und daraus abgeschätzter anthropogener »Treibhaus«-Effekt», *gepunktete Kurve.* (Nach Schönwiese et al. 1994 bzw. Schönwiese 1994).

annehmen können, z. B. hinsichtlich der zeitlichen Amplitude der Weltmitteltemperatur (Wigley u. Raper 1991), ohne daß im transienten Sinn der Modellierung jemals zeitlich festlegbare Abläufe der in dieser Weise angeregten Klimaänderungen abschätzbar sein werden.

Spätestens an dieser Stelle können und müssen aber statistische Modelle befragt werden, die gerade auf die Simulation bzw. Reproduktion zeitlicher Abläufe spezialisiert sind. Die Abb. 57 zeigt Ergebnisse, wie sie mit Hilfe eines multiplen Regressionsmodells (Schönwiese 1992; Bayer et al. 1994) zustandegekommen sind. Dieses Modell ist offenbar in der Lage, die beobachteten, 10jährig geglätteten bodennahen Temperaturvariationen der Nordhemisphäre (aus Abb. 16) mit Hilfe der »Treibhaus-

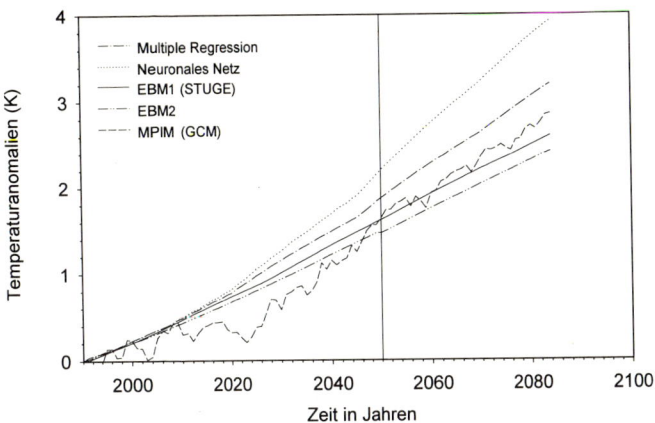

Abb. 58. Vergleich des simulierten Anstiegs der bodennahen Weltmitteltemperatur 1990 bis 2100 relativ zu 1990 bei Trendfortschreibung der äquivalenten CO_2-Konzentration der Atmosphäre mit Hilfe der folgenden Modelle: multiple Regression (wie in Abb. 57), neuronales Netz mit ebenfalls multiplem Antrieb, zwei sich nur gering unterscheidende EBM-Versionen (wobei die Variante STUGE auch vom IPCC verwendet worden ist, vgl. Abb. 54, mittlere Schätzung) und schließlich atmosphärisch-ozeanisches Zirkulationsmodell (GCM) des DKRZ bzw. MPIM (Max-Planck-Institut für Meteorologie Hamburg). (Nach Schönwiese et al. 1995; DKRZ/MPIM nach Cubasch et al. 1992, 1994).

gase« (äquivalente CO_2-Konzentration), der vulkanischen und solaren Aktivität sowie des ENSO-Einflusses in guter Näherung nachzuvollziehen. Das daraus errechnete anthropogene »Treibhaus«-Signal (gepunktete Kurve in Abb. 57) liegt, wenn es bis in die vorindustrielle Zeit zurückgerechnet wird, bei 0,6 bis 0,8°C, somit höher als der beobachtete Trend. Unterstellt man gleichzeitig wirksame, aber in diesem Modell nicht erfaßte Abkühlungseffekte, beispielsweise durch anthropogenes troposphärisches Sulfat, so ergibt sich eine bemerkenswerte Nähe zu den in Abb. 54 dargestellten Modellrechnungen.

Mittels Spurengasszenarien lassen sich diese statistisch aus den Beobachtungsdaten geschätzten »Treibhaussignale« auch in die Zukunft hochrechnen. In Abb. 58 sind daher relativ zu 1990 bis zum Jahr 2084 verglichen (IPCC-Trendfortschreibungsszenario, bodennahe Weltmitteltemperatur): Die GCM-Simulation des Deutschen Klimarechenzentrums (DKRZ, Cubasch et al. 1992), die EBM-Simulation des IPCC (best estimate), die Schätzung mittels multipler Regression und schließlich mittels neuronaler Netze. Man sieht, daß die Ergebnisse – das GCM um 2020 ausgenommen – bis etwa zum Jahr 2050 relativ eng zusammenliegen; danach liefern die statistischen Schätzungen mehr und mehr höhere »Treibhaus«-Signale. In Zahlenwerten lauten für den Fall einer atmosphärischen CO_2-Verdoppelung die statistisch geschätzten »Treibhaus«-Signale (MR = multiple Regression, NN = neuronales Netz): im Gleichgewicht 2,3 ±0,5°C (MR) bzw. 2,7°C; transient 1,6 ±0,3°C (MR) bzw. 1,8 °C, somit Werte, die innerhalb der in Abb. 53 und 54 (dort für das Jahr 2025) angegebenen Spannen liegen. Dabei sind die MR-Berechnungen (nach Bayer et al. 1994 bzw. Schönwiese et al. 1994a) mit Hilfe verschiedener Kombinationen von natürlichen Einflußgrößen gerechnet worden, was die angegebenen Unschärfen bei den Signalberechnungen erklärt, während beim NN (nach Denhard 1994 bzw. Schönwiese et al. 1994) ein fester Satz von Einflußgrößen Verwendung fand.

Diese Ergebnisse ermutigen dazu, auf statistischem Weg auch definitive Abgrenzungsberechnungen der Temperatursignale vorzunehmen. Tabelle 16 zeigt das Ergebnis mit Hilfe des multiplen Regressionsmodells (MR), das auch in regionaler und jahreszeitlicher Auflösung verwendet werden kann (bei NN erst geplant). Auch hier ergeben sich gute Übereinstimmungen, wie ein Vergleich von Tabelle 16 mit Abb. 58 beweist. Dies gilt im übrigen

Tabelle 16. Statistische Schätzung einiger bisheriger Klimasignale in der bodennahen Weltmitteltemperatur sowie zugehörigen regional-jahreszeitlichen Maximalwerten, die auf die anthropogen Verstärkung des »Treibhaus«-Effektes sowie ausgewählte Konkurrenzmechanismen zurückgehen, letzte rund 100 Jahre. (Nach Schönwiese et al. 1994).

Mechanismus	Maximales Signal globales Mittel [°C]	Maximales Signal regional-jahreszeitlich [°C]	Erklärte Varianz[c] [%]
Zusatz-»Treibhauseffekt«	(+) 0,6–0,8	(+) ~ 7	35–50
Vulkanismus[a]	(–) 0,2–0,4	(–) ~ 3	15–30
Solare Effekte[a]	(+) 0,1–0,2	(+) ~ 1,5	5–15
El Niño (ENSO)[b]	(+) 0,2–0,3	(+) ~ 2	5–10

[a] Fluktuativ.
[b] Fluktuativ, nur relativ kurzfristige Variationen.
[c] Bezüglich global und jährlich gemittelter Temperaturdaten.

auch für die hier nicht weiter erörterten regional-jahreszeitlichen »Treibhaus«-Signale (Schönwiese u. Bayer 1994).

Leider scheitern entsprechende Vergleichsberechnungen und Modellverifikationsstudien für andere Klimaelemente an der weitaus geringeren Reproduzierbarkeit der beobachteten Klimaänderungen und für größere Zeitskalen an der eingeschränkten Verfügbarkeit und Genauigkeit paläoklimatologischer Daten. Gerade in Zusammenhang mit der aktuellen Diskussion um den »Treibhauseffekt« sollten die hier dargestellten Ergebnisse aber hilfreich und beachtenswert sein.

8 Zukunftsperspektiven für das Klima

Die gewaltigen Fortschritte der Klimatologie – und dies sowohl in der Modellentwicklung als auch Klimadiagnostik – lassen uns heute viel fundierter in die Zukunft blicken, als das noch vor zehn oder gar zwanzig Jahren der Fall war. Andererseits gibt es noch immer kein umfassendes und sicheres Klimamodell, sind die Interpretationen über das Zusammenwirken der ursächlichen Mechanismen in den Klimabeobachtungsdaten weitgehend hypothetisch. Dies alles bedeutet, daß sich die Weichenstellungen für morgen auf Wahrscheinlichkeitsaussagen stützen müssen.

Der Ruf nach vollständig gesicherter klimatologischer Erkenntnis und die nicht selten zu findende Einstellung, erst danach handeln zu wollen, ist eigentlich sehr erstaunlich, letztlich sogar unverantwortlich. Jeder von uns plant Termine für den folgenden Tag, Monat, nächsten Urlaub usw., ohne ganz sicher zu sein, daß er den nächsten Tag überhaupt erleben wird. Stillschweigend setzen wir eine relativ hohe Wahrscheinlichkeit mit Sicherheit gleich, was eigentlich nicht korrekt ist. Dem Geschäftsmann, der ein Produkt auf den Markt bringt, ist der Wahrscheinlichkeitscharakter seines Tuns wohl eher bewußt; denn er muß abschätzen, in welcher (ungefähren!) Stückzahl sein Produkt verkauft wird, ob er die

Unkosten decken und möglichst noch einen Gewinn erzielen kann. Letztlich beruht alles, was der einzelne Mensch, eine Gruppe von Menschen, die Gesellschaft und letztlich die gesamte Menschheit planen, auf Wahrscheinlichkeitsannahmen. Man sollte daher weit mehr, als das bisher üblich ist, die wissenschaftlichen Erkenntnisse der Wahrscheinlichkeitstheorie bzw. mathematischen Statistik nutzen. »Statistik«, so hat Wald (vgl. Sachs 1984) definiert,»bedeutet, Entscheidungen aufgrund von Ungewißheiten zu treffen«. »Ungewißheit« ist aber nichts anderes als ein Synonym für Wahrscheinlichkeit. Und auch, was das Prinzip Verantwortung betrifft, liegt eine anschauliche Analogie auf der Hand: Soll man das Kind in den Brunnen fallen lassen, oder ist es nicht vernünftig, den Brunnen abzudecken, auch wenn man nicht sicher weiß, daß das Kind wirklich in den Brunnen fallen wird, sondern nur eine gewisse Wahrscheinlichkeit dafür besteht?

Was bedeutet das nun konkret für das Klima? Die Antwort ist in der Diskussion der Vorhersagbarkeit zu suchen. Für das Wetter ist eine theoretische Obergrenze der Vorhersagbarkeit, im Fall optimaler Informationsbasis und Rechentechniken, von etwa einem Monat abgeschätzt worden; die praktische liegt derzeit bei einigen Tagen. Die Klimavorhersage unterscheidet sich insofern grundlegend von der Wettervorhersage, als nicht konkrete Einzelphänomene (zeitliche und räumliche Punktaussage), sondern stets statistische Aussagen das Vorhersageziel sind, beispielsweise die zehnjährig und über Mitteleuropa gemittelte bodennahe Lufttemperatur und deren Varianz (letzteres weit weniger verläßlich abschätzbar als ersteres). Außerdem ist eine Klimavorhersage stets eine bedingte Vorhersage. Die Bedingung besteht darin, daß ein bestimmter Antriebsfaktor, ggf. auch mehrere, vorhersagbar ist und gegenüber den anderen, nicht vorhersagbaren, dominert.

Man erkennt sehr schnell, daß die natürlichen Klimavariationen nur in sehr großen Zeitskalen bedingt vorhersagbar sind. Das betrifft die Kontinentaldrift (Eiszeitalter) und die Orbitalparameterhypothese (Kalt-/Warmzeitzyklus). Auf die uns interessierende Zeitskala der nächsten Jahre bis Jahrhunderte trifft das nicht zu, auch wenn dies – leider wenig erfolgreich – mit Blick auf die solare Aktivität hin und wieder versucht worden ist. Der Vulkanismus scheint sich jeder Prognostizierbarkeit zu entziehen. Lediglich beim ENSO-Phänomen gibt es gewisse Erfolge über eine Zeitspanne von vielleicht einem Jahr.

Somit konzentriert sich die Kunst der Klimavorhersage mit Recht auf den anthropogenen Einfluß, insbesondere die Verstärkung des anthropogenen »Treibhauseffektes«. Der Antrieb, nämlich die Spurengasemissionen, sind allerdings nicht wirklich vorhersagbar, sondern es wird mit verschiedenen in Zukunft möglichen Szenarien gerechnet, z. B. mit Trendfortschreibungen. Die Frage lautet dann: Was passiert mit dem Klima, wenn wir nichts tun? In der Konsequenz bedeutet das eine gekoppelte Bedingung bei der Vorhersage: Sie stimmt nur, wenn das zugrundegelegte Szenario stimmt. Und nach wie vor stimmt sie nur, wenn der betreffende Einfluß ein dominanter Klimafaktor ist.

Es kann nur wenig Zweifel darin bestehen, daß bei den bisherigen Klimavariationen des Holozäns die natürlichen Mechanismen vorherrschend waren. Im Gegensatz dazu sind die anthropogenen »Treibhausgas«-Emissionen aber nicht fluktuativ, sondern kontinuierlich, ja sogar exponentiell nach oben gerichtet, wie im übrigen auch der Weltbevölkerungsanstieg. Daher stellen sich die Klimatologen die Frage: Wann ist es soweit, daß dieser anthropogene Antriebsfaktor in den Klimavariationen überwiegt, oder in der Fachsprache, wann tritt das anthropogene Spurengassignal aus dem Klimarauschen hervor? Die Abschätzungen dafür, immer im Sinn einer bedingten Vorhersage, liegen bei ungefähr 10 bis 20 Jahren in der Zukunft. Genauer läßt sich das nicht sagen, weil die Modellvorhersagen quantitativ unsicher sind und offen bleibt, welche Wahrscheinlichkeit (90 % oder 95 % oder 99 %?) bei einer solchen Aussage gefordert werden. Daraus ergibt sich, immer unter den genannten einschränkenden Bedingungen, die auf den ersten Blick paradox erscheinende Situation, daß eine Klimavorhersage für das Jahr 2050 besser zugänglich ist als für das Jahr 2000. Betont werden muß in diesem Zusammenhang auch, daß alle diese Überlegungen und damit der »Nachweis« des anthropogenen Spurengassignals am ehesten mit Blick auf die großräumig gemittelte Lufttemperatur möglich sein wird.

Noch komplizierter wird die Situation dadurch, daß die anthropogenen Klimaeffekte wegen der Trägheiten im Klimasystem mit Zeitverzögerungen von einigen Jahrzehnten eintreten. Entsprechend lange benötigen Maßnahmen, um zu wirken. Wer das Risiko anthropogener Klimaänderungen als sehr hoch einschätzt, und das tun die meisten Klimatologen (IPCC, Houghton et al.1990, 1992), der kann auch aus diesem Grund nicht warten, bis die Effekte deutlicher in Erscheinung treten und letztlich unzweifelhaft beweisbar sind.

Als Zukunftsperspektive ergibt sich daher zwingend:

- Bald, umfassend und effektiv internationale Maßnahmen zum Schutz des Klimas nach dem derzeitigen wissenschaftlichen Kenntnisstand einleiten.
Gleichzeitig diesen Kenntnisstand durch intensive Forschung verbessern.

- Zu späteren Zeiten, falls das neue Erkenntnisse erlauben, korrektiv in die Maßnahmen eingreifen.

Daß dabei die Wahrscheinlichkeit eine große Rolle spielt, ist betont worden. Niemand darf erwarten, daß wir bald alles viel besser wissen oder gar irgendwann allwissend sind.

Im Gegensatz zu den FCKW-Gasen, bei denen – angesichts der »Ozonloch«-Problematik – in Deutschland der »Ausstieg« unmittelbar bevorsteht und internationale Abkommen relativ weit gediehen sind, lassen beim "Treibhaus"-Problem insgesamt konkrete Maßnahmen noch auf sich warten, und dies obwohl

- schon die Erste UN-Weltklimakonferenz (WMO 1979) einen Appell an alle Länder der Erde gerichtet hatte, anthropogene Klimaänderungen zu verhindern,
- in Deutschland angesichts der detaillierten Empfehlungen der Bundestag-Enquête-Kommission »Vorsorge zum Schutz der Erdatmosphäre« eine Reduktion der CO_2-Emission von 25 bis 30 % bis zum Jahr 2005 (gegenüber 1987) laut Beschluß der Bundesregierung angestrebt wird.
- EG-weit erst von Stabilisierungsabsichten der Emission bis zum Jahr 2000 die Rede ist.

Das bei der UN-Umweltkonferenz (UN Conference on Environment and Development, UNCED, Rio de Janeiro, 1992) beschlossene und nach der Ratifizierung durch die Mindestzahl von 50 Nationen seit März 1994 inkraftgetretene »Rahmenübereinkommen der Vereinten Nationen über Klimaänderungen«, kurz Klimakonvention (Umweltbundesamt 1992), ist in der generellen Zielsetzung zwar weitgehend, aber ansonsten sehr unverbindlich. Dort heißt es, daß es »das Endziel dieses Übereinkommens ... ist, die Stabilisierung der Treibhausgaskonzentrationen« (nur über eine Reduktion der Emissionen zu verwirklichen, daher eine prinzipiell weitgehende Forderung) ... »auf einem Niveau zu erreichen, auf dem eine gefährliche anthropogene Störung des Klimasystems verhindert wird«. Weiterhin ist von der Anpassung der Ökosysteme und nachhaltiger wirtschaftlicher Entwicklung die Rede, die gewährleistet sein sollen.

Es wird schwierig sein, diese Zukunftsperspektiven in internationalem Konsens genauer zu fassen und vor allem zu konkreten quantitativen und zeitlichen Zielvorstellungen zu kommen. Eine weitere UN-Umweltkonferenz (sog. Vertragsstaatenkonferenz, Berlin, Frühjahr 1995) hat dazu die Gelegenheit geboten. Man hat sich aber nur zu dem Mandat durchringen können, bis 1997 einen konkreten Text zu formulieren. Dabei liegen für Deutschland durchaus sehr konkrete Empfehlungen der betreffenden Enquête-Kommission des Deutschen Bundestages (1990, 1992) vor.

In der öffentlichen Diskussion, die solchen Konferenzen und Maßnahmen immer vorangeht, sollten die Risiken erkannt und eine ausgewogene Position zwischen Panikmache und Verharmlosung eingenommen werden. Auch wenn bei so komplizierten Systemen wie dem Klima die Hintergründe und Details nur dem Wissenschaftler zugänglich sind, können und müssen die für die Entscheidungsfindung wesentlichen Erkenntnisse und Kriterien der Öffentlichkeit und den Entscheidungsträgern vermittelt werden. Dies erfordert eine weiter besser funktionierende »konzertierte Aktion« von unabhängigen Fachwissenschaftlern, Politik und Wirtschaft, als das derzeit der Fall ist. Zudem erfordern die vielen offenen Fragen weitere intensive Klimaforschung.

Das Anliegen dieses Buches aber war, die grundlegenden Definitionen und Prozesse im Klimageschehen sowie das Zusammenspiel der natürlichen und anthropogenen Klimaänderungen zumindest in groben Umrissen zu beschreiben und zu erläutern. Wenn dadurch ein verbessertes Verständnis der Klimaproblematik und – damit verbunden – auch eine bessere Urteilsfähigkeit in der öffentlichen Klimadiskussion erreicht worden ist, freut das den Autor sehr. Vielleicht – und das würde ihn noch mehr freuen – ist auch der Wunsch nach weiterer, vertiefter Lektüre geweckt worden.

Verwendete Abkürzungen, Symbole und Maßeinheiten

a,b,...	Größen bzw. Stichproben (statistisch) allg.
$\bar{a}, \bar{b}$	Mittelwerte allgemein (statistisch)
a	Jahr
AGCM	atmosphärisches Zirkulationsmodell
C	Kohlenstoff, Kohlenstoffeinheiten
$CaCO_3$	Kalk
CH_4	Methan
CLINO	Klimanormalperiode (climate normals, 1901 bis 1930, 1931 bis 1960, usw.)
CO	Kohlenmonoxid
CO_2	Kohlendioxid
d	Tag
DKRZ	Deutsches Klimarechenzentrum (Hamburg)
EBM	Energiebilanzmodell
EG	Europäische Gemeinschaft (auch EC)
EN	El Niño
ENSO	El Niño/ Southern Oscilation
EOF	empirische Orthogonalfunktion(en)
FCKW	Fluorchlorkohlenwasserstoffe
GCM	Zirkulationsmodell (general circulation model)
GRIP	Greenland Ice Core Project
Gt	Gigatonnen (10^9 t)
h	Stunde
H_0, H_1	Null- und Alternativhypothese (statistisch)

H_2	Wasserstoff
H_2O	Wasserdampf; Wasser
H_2SO_4	Schwefelsäure
Hz	Hertz = Schwingungen pro Sekunde
IGBP	Internationales Geosphären-Biosphären-Forschungsprogramm
IMO	Internationale Meteorologische Organisation (Vorgängerin der WMO)
IPCC	Intergovernmental Panel on Climate Change (UN)
K	Kelvin (= °C + 273)
m	Meter
mon	Monat
MR	multiples Regressionsmodell
Mt	Megatonnen (10^6 t)
µm	Mikrometer (10^{-6} m)
n	Stichprobenumfang (statistisch)
N	Stickstoff (atomar); Stickstoffeinheiten
N_2	Stickstoff (molekular)
NN	Normal-Null (Höhenbezug); neuronales Netzmodell
N_2O	Distickstoffoxid
NO	Stickstoffmonoxid
NO_2	Stickstoffdioxid
NO_x	zusammenfassend für NO und NO_2
O	Sauerstoff (atomar); Optimumphase (relativ warmes Klima)
O_2	Sauerstoff (molekular)
O_3	Ozon
OGCM	ozeanisches Zirkulationsmodell
P	Pessimumphase (relativ kalte Klimaepoche)
Ø	Freiheitsgrade (statistisch)
RCM	Strahlungskonvektionsmodell (radiative convective model)
r	Korrelationskoeffizient (statistisch)

s	Sekunde; Standardabweichung
s^2	Varianz (statistisch)
s_{ab}	Kovarianz (statistisch)
SKE	Steinkohleeinheiten
SMP	Societas Meteorologica Palatina
SO	Southern Oscilation
SO_2	Schwefeldioxid
SO_4	(eigentlich SO_4^{--}) Sulfat
t	Tonne; Zeit
UV	Ultraviolettstrahlung (unterteilt in UVA, UVB, UVC)
w	Filtergewicht (statistisch)
W	Watt
Wm^{-2}	Watt pro Quadratmeter
WCP	Weltklimaprogramm (World Climate Programme)
WMO	Weltmeteorologische Organisation (UN)
WWW	Weltwetterwacht (WMO, UN)

Hinweis zur Potenzschreibweise von Zahlen:
10^a ist eine 1 mit a Nullen (z. B. 10^3 = 1000),
10^{-a} = $1/10^a$ (z. B. 10^{-3} = 1/1000 = 0,001).

Literatur

Allgemeine Literatur über Klima und Klimaänderungen

Bach W (1982) Gefahr für unser Klima. C.F Müller, Karlsruhe
Barry RG, Chorley RJ (1982) Atmosphere, weather and climate. Methuen, London
Blüthgen J, Weischet W (1980) Allgemeine Klimageograhie. De Gruyter, Berlin
Bolin B et al. (eds) (1986) The greenhouse effect, climate change and ecosystems. Wiley, Clichester
Bradley RS (1985) Quaternary paleoclimatology. Allen and Unwin, Boston
Endlicher W (1991) Klima, Wasserhaushalt, Vegetation. Wissenschaftliche Buchgesellschaft, Darmstadt
Fischer G (Hrsg) (1987,1989) Climatology. Landolt-Börnstein, Numerical data and functional relationships in science and technology. Vol.V/4/c1,V/4/c2. Springer, Berlin Heidelberg New York Tokyo
Flohn H (1985) Das Problem der Klimaschwankungen in Vergangenheit und Zukunft. Wissenschaftliche Buchgesellschaft, Darmstadt
Frakes LA (1979) Climates throughout geologic time. Elsevier, Amsterdam
Frenzel B et al. (1967) Die Klimaschwankungen des Eiszeitalters. Vieweg, Braunschweig
Frenzel B et al. (eds) (1992) Atlas of paleoclimate and paleoenvironment of the Northern Hemisphere. G. Fischer, Stuttgart
Graßl H, Klingholz R (1990) Wir Klimamacher. S. Fischer, Frankfurt/M

Hartmann DL (1994) Global physical climatology. Academic Press, San Diego

Hendl M et al. (1988) Allgemeine Klima-, Hydro- und Vegetationsgeographie. VEB H. Haack, Gotha

Houghton JT (ed) (1984) The global climate. Cambridge University Press, Cambridge

Houghton JT et al. (eds) (1990,1992) Climate change. The IPCC Scientific Assessment; Supplementary Report. Cambridge University Press, Cambridge

Hupfer P (Hrsg) (1991) Das Klimasystem der Erde. Akademie Verlag, Berlin

Imbrie J, Palmer K (1981) Die Eiszeiten. Knaur, München

Lamb HH (1972,1977) Climate: present, past and future (2 Vol). Methuen, London

Lamb HH (1989) Klima und Kulturgeschichte. Rowohlt, Reinbek

Lauer W (1994) Klimatologie. Westermann, Braunschweig

Malberg H (1993) Meteorologie und Klimatologie. Springer, Berlin Heidelberg New York Tokyo

Oeschger H (Hrsg) (1980) Das Klima. Springer, Berlin Heidelberg New York Tokyo

Peixoto JP, Oort AH (1992) Physics of climate. American Institute of Physics, New York

Richter D (1983) Taschenatlas Klimastationen. Höller und Zwick, Braunschweig

Rudloff H von (1967) Die Schwankungen und Pendelungen des Klimas in Europa seit Beginn der regelmäßigen Instrumentenbeobachtungen. Vieweg, Braunschweig

Schönwiese CD (1992) Klima im Wandel. DVA, Stuttgart; (1994a) Rowohlt, Reinbek

Schönwiese CD (1994) Klimatologie. Ulmer, Stuttgart

Schönwiese CD (1994b) Klima. Meyers Forum, Bibliographisches Institut, Mannheim

Schönwiese CD, Diekmann B (1989) Der Treibhauseffekt. DVA, Stuttgart; (1991) Rowohlt, Reinbek

Schwarzbach M (1974) Das Klima der Vorzeit. Enke, Stuttgart

Trewartha GT (1980) An introduction to climate. Mc Graw Hill, New York

Weischet W (1991) Einführung in die Allgemeine Klimatologie. Teubner, Stuttgart

Wigley TML et al. (1981) Climate and History. Cambridge Univ. Press, Cambridge

Weiterführende Literatur

Angell J (1985) Changes in tropospheric and stratospheric global temperatures 1958–1982. In: Schlesinger ME (ed) pp 231–247

Angell J (1991) Pers. Mitt.

Arntz WE, Fahrbach E (1991) El Niño. Klimaexperiment der Natur. Birkhäuser, Basel

Arrhenius S (1896) On the influence of carbonic acid in the air upon the temperature of the ground. Philosophical Magazine and Journal of Science Series 5, 41 (251): 237–276

Aslanjan AT (1977) Ändert sich der Umfang der Erde? Geophysics and Geology 1: 57–61

Bakan S et al. (1991) Auswirkungen von Ölbränden in Kuweit auf das Globalklima. Meteorologisches Institut der Universität/Max-Plank-Institut für Meteorologie, Hamburg

Barry RG (1985) The cryosphere and climatic change. In: US DOE, Detecting the climatic effects of increasing carbon dioxide (Mac Cracken MC, Luther FM) pp 109–148, Lawrence Livermore National Laboratory, Livermore

Baur F (1972) Langfristige Witterungsvorhersagen. Wissenschaftliche Verlagsgesellschaft, Stuttgart

Bayer D et al. (1994) Trend- und multiple Signalanalyse globaler bzw. europäischer Klimastationen. Bericht Nr. 98 Institut Meteorologie Geophysik Universität Frankfurt/M

Berger AL (ed) (1981) Climatic variations and variability: facts and theories. Reidel, Dordrecht

Berger AL (ed) (1984) Milankovitch and climate (2 Vol). Reidel, Dordrecht

Berz G (1993) Stürme. Münchner Rückversicherungsgesellschaft, München

Bosch P, Wagner HJ (1992) Energie und Umweltbelastung. Springer, Berlin Heidelberg New York Tokyo

Bradley R et al. (1987) Precipitation fluctuations over northern hemispere land areas since the mid-19th century. Science 237:171–175

Bray JR (1974) Volcanism and glaciation during the past 40 millennia. Nature 252: 679–680

Breuer R (Hrsg) (1993) Der Flügelschlag des Schmetterlings. DVA, Stuttgart

Budyko MI (1967) Possibility of changing the climate by acting on the polar ice. In: Budyko MI (ed) Modern Problems of Climatology. Collection of Articles. Foreign Tech Div/ USA pp 375–386

Cess RD et al. (1990) Intercomparison and interpretation of climate feedback processes in 19 atmospheric general circulation models. Journal of Geophysical Research 95: 601–616

Charlson RJ et al. (1991) Perturbation of the northern hemisphere radiative balance by backscattering from anthropogenic sulfate aerosols. Tellus 43A-B: 152–163

CLIMAP Members (1976) The surface of the ice age earth. Science 191: 1131–1137

Cress A, Schönwiese CD (1990) Vulkanische Einflüsse auf die bodennahe und stratosphärische Lufttemperatur der Erde. Bericht Nr. 82, Institut Meteorologie Geophysik Universität Frankfurt/M.; Atmósfera 5: 31–46

Crutzen P, Birks JW (1982) The atmosphere after a nuclear war: twilight at noon. Ambio 11: 114–115

Cubasch, U et al (1992) Time-dependent greenhouse warning computations with a coupled ocean-atmosphere model. Climate Dynamics 8: 55–69

Dansgaard W et al. (1969) One thousand centuries of climate record from Camp Century on the Greenland ice sheet. Science 166: 377–381

Dansgaard W et al. (1975) Climatic changes. Norsemen and modern man. Nature 255: 24–28

Deutscher Bundestag, Enquête-Kommission (1990) Vorsorge zum Schutz der Erdatmosphäre; Schutz der Tropenwälder; Schutz der Erde (zweitlg); 4 Bd, Economica, Bonn; C.F. Müller, Karlsruhe

Diaz HF et al. (1989) Precipitation fluctuations over global land areas since the late 1800's. Journal of Geophysical Research 94: 1195–1210

dtv-Atlas zur Weltgeschichte Bd 1, 2 (1964, 1966). Deutscher Taschenbuch Verlag, München

Duplessy JC (1978) Isotope studies. In: Gribbin J (ed) Climatic change: 46–67. Cambridge University Press, London

Dool, HM van den et al. Average winter temperatures at De Bilt (The Netherlands): 1634–1977. Climatic Change 1: 319–330

Ebers E (1957) Vom großen Eiszeitalter. Springer, Berlin Göttingen Heidelberg

Eimern J van, Häckel H (1979) Wetter- und Klimakunde (für Landwirte etc.). Ulmer, Stuttgart

Emiliani C, Shackleton NJ (1974) The Bruñhes epoch: paleotemperatures and geochronology. Science 183: 511–514

Faust H (1968) Das große Buch der Wetterkunde. Econ, Düsseldorf

Fischer G (ed) (1987, 1989): Landolt-Börnstein, Numerical data and functional relationships in science and technology, Subvolumes V/4c1, V/4c2, Climatology. Springer, Berlin Heidelberg New York Tokyo

Flohn H (1959) Bemerkungen zum Problem der globalen Klimaschwankungen. Arch Meteorol Geophys Bioklimatol Ser B 9:1–13

Flohn H (1961) Mans's activity as a factor in climate change. Annals New York Academy of Science 95: 271–281

Flohn H (1968) Vom Regenmacher zum Wettersatelliten. Kindler, München

Flohn H (1970) Produzieren wir unser eigenes Klima? Meteorologische Rundschau 23: 161–164

Flohn H (1971) Arbeiten zur allgemeinen Klimatologie. Wissenschaftliche Buchgesellschaft, Darmstadt

Flohn H et al. (1992) Water vapour as an amplifier of the greenhouse effect: new aspects. Meteorologische Zeitschrift, Neue Folge 1: 122–138

Fortak H (1971) Meteorologie. Deutsche Buchgemeinschaft, Berlin

Freitag E (1965) Studien zur phänomenologischen Agrarklimatologie Europas. Bericht Nr. 98, Deutscher Wetterdienst, Offenbach/M

Fritts HC (1962) An approach to dendroclimatology: screening by means of multiple regression techniques. Journal of Geophysical Research 67: 1413–420

Furrer G (1991) 25000 Jahre Gletschergeschichte. Naturforscher Gesellschaft, Zürich

Golitsyn GS, Mc Cracken MC (1987) Possible climatic consequences of a major nuclear war. WMO: World Climate Programme Publication No 142, Geneva

Gilliland RL (1982) Solar, volcanic and CO_2 forcing of recent climatic changes. Climatic Change 4: 111–131

Graul H, Brunnacker K (1962) Eine Revision der pleistozänen Stratigraphie des schwäbischen Alpenvorlandes. Petermanns Geographische Mitteilungen 1962: 253–271

GRIP Members (1993) Climate instability during the last interglacial period recorded in the GRIP ice core. Nature 364: 203–207
Groveman BS, Landsberg HE (1979) Pers. Mitt.
Hann J von (1883) Handbuch der Klimatologie I. Band: Allgemeine Klimalehre. Engelhorn, Stuttgart
Hansen J, Lebedeff S (1987) Global trends of measured air temperature, Journal of Geophysical Research 92: 13345–13372
Hansen J et al. (1988) Global climate changes as forecast by Goddard Institute for Space Studies three-dimensional model. Journal of Geophysical Research 93: 9341–9364
Hantel M (1989) The present global surface climate. In: Fischer G (Hrsg) Subvol c2, 117–474
Hantel M et al. (1987) Climate definition. In: Fischer G (Hrsg) Subvol. c1, 1–28
Hasselmann K et al (1994) Deutsches Klimarechenzentrum. Unveröff. Broschüre, Hamburg
Herkendell J, Koch E (1991) Bodenzerstörung in den Tropen. Beck, München
Holzhauser P (1983) Die Geschichte des großen Aletschgletschers während der letzten 2500 Jahre. Bulletin Murithienne 101: 113–134
Imbrie J (1981) Time-dependent models of the climatic response to orbital variations. In: Berger AL (Hrsg): 527–538
Jacoby GC, DÁrrigo R (1989) Reconstructed northern hemisphere annual temperature since 1671 based on high-latitude treering data from North America. Climatic Change 14: 39–59
Jendritzky G (1992) Meteorologische Belastungen. In: Wichmann et al. (Hrsg) Handbuch der Umweltmedizin (Loseblattsammlung) Teil IV, 1.3 Ecomed, Landsberg
Johnson SJ et al. (1972) Oxygen isotope profiles through the Antarctic and Greenland ice sheets. Nature 235: 249–434
Jones PD et al (1991) Marine and land temperature data sets: A comparison and a look at recent trends. In: Schlessinger ME (Hrsg) pp 153–172
Keeling CD, Whorf TP (1994) Atmospheric CO_2 records from sites in the SIO air sampling network. In: Carbon Dioxide Infomation Analysis Center (ed.) Trends '93, pp. 16–26. Oak Ridge

Kelletat D (1989) Physische Geographie der Meere und Küsten. Teubner, Stuttgart

Kennett JP, Thunell RC (1977) On explosive Cenocoic volcanism and climatic implications. Science 196: 1231–1234

Keppler E (1990) Sonne, Mond und Planeten. Piper, München

Kiepenheuer O (1957) Die Sonne. Spinger, Berlin

Klute F (1951) Das Klima Europas während des Maximums der Weichsel-Würm-Eiszeit und die Änderungen bis zur Jetztzeit. Erdkunde 5 (4): 273 –283

Köppen W (1923) Grundriß der Klimakunde. De Gruyter, Berlin

Kondratyev KY, Moskalenko NI (1984) The role of carbon dioxide and other minour gaseous compnets and aerosols in the radiation budget. In: Houghton JT (ed) 225–233

Kuhle M (1988) Eine reliefspezifische Eiszeittheorie. Geowissenschaten in unserer Zeit 6: 142–150

Krüger H (1994) Wetter und Klima. Springer, Berlin Heidelberg New York Tokyo

Labitzke K et al. (1986) Long-term temperature trends in the middle stratosphere of the northern hemisphere. Advances in Space Space Research 6: 7–16

Labitzke K et al. (1990) Sonnenflecken und Wetter – Gibt es doch einen Zusammenhang? Geowissenschaften in unserer Zeit 8: 1–6

Lamb HH (1969) Climatic fluctuations. In: Landsberg H. et al. (eds) World survey of climatology, Vol 2, pp 173–49. Elsevier, Amsterdam

Lamb HH (1970) Volcanic dust in the atmosphere; with a chronology and assessment of its meteorological significance. Philosophical Transactions of the Royal Society A 266: 425–553

Landsberg HE (1969) Weather and health. Doubleday, New York

Landsberg HE (1981) The urban climate. Academic Press, New York

Libby WF (1954) Altersbestimmung mit radioaktivem Kohlenstoff. Endeavour 13: 5–16

Liljequist GH, Cehak K (1984): Allgemeine Meteorologie. Vieweg, Braunschweig

Lindzen RS (1993) Some coolness concerning global warming. Bulletin of the American Meteorological Society 71: 288–299

Lorenz EN (1968) Climate determinism. Meteorological Monographs 8: 1–3

Lorenz EN (1969) The predictability of a flow which processes many scales of motion. Tellus 21: 289–307

Lovelock J (1991) Das Gaia-Prinzip. Artemis, Zürich

Manley G (1974) Central England temperatures: monthly means 1959–1973. Quarterly Journal ot the Royal Meteorological Society 100: 389–405

Mikami T (ed) (1992) Proceedings Internat Symp Little Ice Age Climate. Tokyo Metropolitan University, Tokyo

Milankovitch M (1920) Théorie mathématique des phénoménes termiques produits par la radiation solaire. Gauthiers-Villars, Paris

Mittelstaedt E (1989) Upwelling regions. In: Landolt-Börnstein, Numerical data and functional relationship in science and technology (NS) Vol V/3c, pp 135–166. Springer, Berlin Heidelberg New York Tokyo

Möller F (1973) Einführung in die Meteorologie, 2 Bd. Bibliographisches Institut, Mannheim

Müller MJ (1983) Handbuch ausgewählter Klimastationen der Erde. Forschungsstelle Bodenerosion Universität Trier, Metersdorf

Neftel A et al. (1985) Evidence from polar ice cores for the increase in atmospheric CO_2 in the past two centuries. Nature 315: 45–47

Nicholson SE (1989) African drought: characteristics, causal theories and global teleconnections. Geophysical Monographs 52: 79–100

Nisbet EG (1994) Globale Umweltveränderungen. Spektrum Akademischer Verlag, Heidelberg

Opitz PJ (Hrsg) (1990): Weltprobleme. Bundeszentrale für politische Bildung, Bonn

Paesler M (1970) Die Temperaturmessungen in München 1781–968. Wiss. Mitt. 19, Meteorologisches Institut Universität München

Penck A, Brückner E (1909) Die Alpen im Eiszeitalter (3 Bd). Tauchner, Leipzig

Pfister C (1984) Klimageschichte der Schweiz 1525–1860. Haupt, Bern

Pokorny A (1867) Über den Dickenzuwachs und das Alter der Bäume. Schriften zur Verbreitung Naturwissenschaftlicher Kenntnisse (Wien) 6: 209 ff

Reinwarth O, Stäblein G (1972) Die Kryosphäre. Würzburger Geogr Arb 36. Selbstverlag Geographisches Institut Universität Würzburg

Reinwarth O (1979) Pers. Mitt.

Rocha-Campos AC (1967) The Tubaraco group in the Brazilian portion of the Parana basin. In: Figarella JJ (ed.) Problems of the Brazilian Gondwana geology, pp 27–102. Roesner, Curitiba

Roeckner E (1988) Wolken und Klima. Modellierung und Feedback-Analysen. Hamburger Geophysikalische Einzelschriften, A/ 92. Hamburg

Roedel W (1992) Physik unserer Umwelt. Die Atmosphäre. Springer, Berlin Heidelberg New York Tokyo

Sachs L (1984) Angewandte Statistik. Springer, Berlin Heidelberg New York Tokyo

Scharnov U et al. (1990) Maritime Wetterkunde. Transpress, Berlin

Schinke H (1992) Zum Auftreten von Zyklonen mit Kerndrücken 990 hPa im atlantisch-europäischen Raum von 1930 bis 1991. Spezialarbeit Nr. 1 Arbeitsgruppe Klimaforschung, Meteorologisches Institut Humboldt-Universität, Berlin

Schlesinger ME (ed) (1991) Greenhouse-gas-induced climatic change: a critical appraisal of simulations and observations. Elsevier, Amsterdam

Schmidt M (1967) Der zugefrorene Bodensee. Meteorologische Rundschau 20: 16–25

Smith AG et al. (1982) Paläokontinentale Weltkarten des Phanerozoikums. Enke, Stuttgart

Schneider SH (1978) Klima in Gefahr. Fischer, Stuttgart

Schönwiese CD (1986) The CO_2 climate response problem. A statistical approach. Theoretical and Applied Climatology 37: 1–14

Schönwiese CD (1987)Climate variations. In: Fischer G (Hrsg) Landolt-Börnstein, Numerical data and functional relationships in science and technology, Subvolume V/4c1, Climatology, ppm 93–150, Springer, Berlin Hedelberg New York Tokyo

Schönwiese CD (1988) Volcanic activity parameters and volcanism-climate relationships within the recent centuries. Atmósfera 1: 141–156

Schönwiese CD (1992) Praktische Statistik für Meteorologen und Geowissenschaftler (2. Aufl). Borntraeger, Stuttgart

Schönwiese CD (1993) Das Frankfurter statistische Klimamodell. Konzept und Ergebnisse. Naturwissenschaftliche Rundschau 46: 215–222

Schönwiese CD et al. (1992) Solare Einflüsse auf die Lufttemperaturvariationen der Erde in den letzten Jahrhunderten. Bericht Nr. 92, Institut Meteorologie Geophysik, Universität Frankfurt/M

Schönwiese CD, Bayer D (1994) Some statistical aspects of anthropogenic and natural forced global temperature change. Atmósfera, 8: 3–22

Schönwiese CD, Rapp J et al. (1993) Klimatrendatlas Europa 1881–1990 (4. Aufl). Bericht Nr. 20, Zentrum für Umweltforschung, Universität Frankfurt/M

Schönwiese CD et al. (1994) Das Treibhaus-Problem: Emissionen und Klimaeffekte. Bericht Nr. 96, Institut für Meteorologie und Geophysik, Universität Frankfurt/M

Schönwiese CD et al.(1995) Assessments of the global anthropogenic greenhouse signal using different typer of climate models. International Journal of Climatology, submitted

Schove DJ (1983) Sunspot cycles. Hutchinson, Stroudsburg

Schweingruber FH (1983) Der Jahrring. Haupt, Bern.

Shackleton NJ, Opdyke ND (1973) Oxygen isotope and paleomagnetic stratigraphy of equatorial Pacific core V28–238: oxygene temperatures and ice volumes on a 10^5 and 10^6 year scale. Quaternary Research 3: 39 –45

Simkin T et al. (1981) Volcanoes of the world (Smithsonian Institution). Hutchinson, Stroudsburg; Updates (1984)

Smith AG et al. (1982) Paläokontinentale Weltkarten des Phaenerozoikums. Enke, Stuttgart

Sneyers R (1990) On the statistical analysis of series of observations. WMO Publication No. 415, Geneva

Thenius E (1987) Meere und Länder im Wechsel der Zeiten. Springer, Berlin Heidelberg New York Tokyo

US GARP Committee (1975) Understanding climatic change. National Academy of Science, Washington

Umweltbundesamt (1993) Konferenz der Vereinten Nationen für Umwelt und Entwicklung. Dokumente. Bundesminister für Umwelt, Naturschutz und Reaktorsicherheit. Selbstverlag, Bonn

Urey HC et al. (1951) Measurement of paleotemperatures and temperatures of the upper Creataceous of England, Den

mark and the southeastern United States. Bulletin of the Geological Siciety 62: 399–416
Waldmeier M (1961) The sunspot activity in the years 1610–1960. Schulthers, Zürich
Wales-Smith BG (1971) Monthly and annual totas of rainfall representative of Kew, Surrey from 1697-1970. Meteorological Magazine 100: 345–362
Warneck P, Wurzinger A (1989) Chemical compisition of and chemical reactions in the atmosphere. In: Landolt-Börnstein, Numerical data and functional relationships in science and technology, Vol V/4b, pp 457–570. Springer, Berlin Heidelberg New York Tokyo
Wegener A (1922) Die Entstehung der Kontinente und Ozeane. Vieweg, Braunschweig
Wigley TML, Raper SCB (1991) Internally generated natural variability of global mean temperatures. In: Schlesinger ME (ed) pp 471–482
WMO (1979) Proceedings of the world climate conference. WMO Publication No 537. Geneva
WMO (1992) The global climate system. Climate System Monitoring, Dec.1988–May 1991. Geneva

Sachverzeichnis

A
Absinken (ozeanisch) 152
Academica del Cimento 27
Aerosole 5, 21, 132, 135, 167, 168, 169, 170, 187
akryogen (s. auch Warmklima) 109, 112
Albedo 120, 142, 156, 163, 164, 166
Algonkisches Eiszeitalter 113, 115
Algonkium 115
Allerödzeit 88, 100
Allgemeines Zirkulationsmodell (s. Zirkulationsmodell)
Alternativhypothese 55
Altithermum 88, 92, 93, 112
Aluminiumoxid 45
Alz-Kaltzeit 104, 106
Amper-Kaltzeit 104, 106
Amplitude 9, 60
anthropogene Klimaänderungen 120, 158–183, 194–197
Anthroposphäre 18
Aphel 126, 128, 129
äquatoriale Tiefdruckrinne 145, 146
Archaikum 115
Archaisches Eiszeitalter 113, 115
Argon (Ar) 4
arid 38
arktischer Dunst 171
Atlantik (Klimaepoche) 87, 88, 93
Atmosphäre der Erde
– allgemein 3–7, 17, 19–24, 109, 118, 119, 122, 126–128, 132–136, 138, 149, 150, 155, 160–163, 169, 179, 180, 185, 196
– Aufbau 5–7
– Definition 3, 4, 119, 160
– Zusammensetzung 4
Atter-Kaltzeit 104, 106
Aufquellen (ozeanisch) 151, 152
Autokorrelation 59–61
Autovariation 119, 121

B
Bänderton 37, 44, 45
Bandpaßfilterung 63
Barometer 27
Bäume 47
Baumringe 37, 43, 44

Bauxit 45
Benguelastrom 151
Beobachtungsnetze (der Klimatologie) 30–33
Bevölkerung (s. auch Weltbevölkerung) 83, 160
Bewölkung (s. Wolken)
Biber-Kaltzeit 104, 106, 107
bimodal 54
Biologie, biologisch 49
Biosphäre, biosphärisch 1, 17, 19, 20, 24, 25, 34, 36
Boden (s. auch Pedosphäre; Meeresboden) 11, 17, 19, 38, 40, 44, 46
Bodenerosion, –verluste 163–166
Bodentypen 45, 46–48
Boreal (Klimaepoche) 88, 93
boreal (Klimatypus) 161
Braunerde 45
Braunlehm 45
Brom 184
Bruñhes-Epoche 42, 106

C

Cenozoikum 114
charakteristische Zeit 7–10, 21, 23, 120
Chionosphäre 18, 20
Chlorfluormethane (s. auch Fluorchlorkohlenwasserstoffe) 4
Cochiti-Ereignis 42
Corioliskraft 146, 147
Cromer-Warmzeit 104, 107

D

Dauerfrost 48, 91
Dendrochronologie 43
Dendroklimatologie 44

Devon 114, 142, 143
Desertifikation 165, 166
Dichte 5, 6, 20, 146, 150
Dinosaurier 109
Distickstoffoxid (N_2O) 4, 134, 135, 173, 175, 187
Druck 5, 6, 21, 27–29, 33
Donau-Kaltzeit 104, 106, 107
Dürre 73, 80, 152

E

Eburon-Kaltzeit 107
Eem-Warmzeit 47, 98–100, 101–104, 107, 112, 116, 122
Eis, Eisgebiete, Eisablagerungen 4, 17, 19, 20, 37, 38–40, 41, 48, 66, 81, 93–95, 97–100, 105, 108–110, 113, 119, 120, 137, 140, 142–145, 155, 159, 176, 182
Eisenoxid 45
Eisenpodsol 45
Eispartikel 5
Eisschild 37, 40, 94, 95
Eiszeit (s. auch Glazial, Kaltzeit) 13, 15, 45, 91, 94, 105
Eiszeitalter 12, 15, 47, 105, 116, 122, 131, 142, 194
El Niño 119, 152, 187, 191, 194
elektromagnetisches Spektrum 133
Elster-Kaltzeit 107
Emiliani-Stufen 105
empirische Orthogonalfunktionen (EOF) 58, 157
Energie 1, 9, 118, 132, 133, 158, 160, 171, 174

Energiebilanzmodell (EBM) 156, 175, 179, 186, 189, 190
Enquête-Kommission »Schutz der Erdatmosphäre« (des Deutschen Bundestages) 196, 197
Eokambrische Eiszeitalter 113, 115
Eokambrium 115
Eozän 114
Eozoikum 115
Erdatmosphäre (s. Atmosphäre)
Erdbahnparameter 128–131, 141, 194
Erde
- Achsenneigung 125, 129
- Alter 2, 11, 12, 16, 113
- Durchmesser 6
- Masse 20
- Oberfläche 20
- Rotation 125
- Umlauf (um die Sonne) 125, 126, 128, 129, 131
Erdkruste 17
Erdmagnetfeld 41, 42, 106
Erdmantel 17
Erhaltungsneigung (s. Persistenz)
Erosion (s. Bodenerosion)
Erz 45
Exosphäre 6
extern (bzgl. Klimasystem) 20, 21, 23, 24, 120, 121
Extrembereich, Extremereignisse, Extremwerte 54, 68, 156, 163, 183

F
Feuchtigkeit, Feuchte 5, 28, 33, 37, 154, 155, 168, 178, 182
Filtergewichte 63
Filterung (numerisch-statistisch) 58, 62–64
Flandrische Warmzeit 107
Fluorchlorkohlenwasserstoffe (FCKW) 4, 173, 175, 184, 185, 187, 196
Freiheitsgrade 55
Frequenz 8, 9, 60, 62, 63

G
Gaia-Hypothese
Gase (s. Atmosphäre)
Gaskonzentrationen (s. auch Atmosphäre, Luft) 4, 37, 41
Gauß-Epoche 42
Gauß-Verteilung (s. Normalverteilung)
Gebirgsbildung (s. Orogenese)
gemäßigte Klimazone 145, 148–150, 182
Geologie, geologisch 49, 91, 103, 109, 114, 126
geologische Gliederung der Erdgeschichte 114, 115
Geomorphologie, geomorphologisch 38, 48
Geosphäre 19
Gesteine 17, 40–42
Gewässer (s. Wasser)
Gezeitenkräfte 119
Gilbert-Epoche 42
Gilsà-Ereignis 42
Glättung (s. Zeitreihenfilterung, Tiefpaßfilterung)
Glazial (s. Kaltzeit)
glaziologisch (s. Gletscher, Kryosphäre)
Gletscher 10, 15, 25, 34, 37, 38, 44–46, 48, 73, 74, 76, 78, 81–83, 86, 140, 182

Gletscherschliff 48
Globalstrahlung 168
Golfkrieg (Klimafolgen) 171
Golfstrom 17, 151
Gondwania 142
Gräser 47
Greenland Ice Core Project (GRIP) 40
Grundgesamtheit 50, 53
Guineastrom 151
Günz-Kaltzeit 104, 105–107

H

Hadley-Zelle 147
Halone 184
Häufigkeit 9, 51–53, 59
Häufigkeitsverteilung 51–55
Hauptoptimum (des Holozän) 88, 92, 112
Hauptpessimum (des Holozän) 86, 92, 94
Helium (He) 4
Heterosphäre 5
historische Klimatologie 30, 34–36
Hochdruckgebiet (H) 15, 145–147, 152
Hochglazial 96, 97, 99, 101
Hochpaßfilterung 63
Hochwasser 34
Holozän 85–88, 91, 92, 98, 107, 114, 161, 194
Holstein-Warmzeit 47, 104, 107
Holz, fossiles 37
Homogenität (von Klimadaten-Meßreihen) 28, 29
Homosphäre 5
Humboldtstrom 151, 152
humid 38
Humus 46

hundertjähriger Kalender 35
Huronische Vereisung (Eiszeitalter) 113, 115
hydrologischer Kreislauf (s. Wasserkreislauf)
Hydrometeore 5
Hydrosphäre 17, 19, 20, 24
Hypothesenprüfung (s. Testtheorie)

I

Impakt (s. Klimaimpakt, ökologisch, sozioökonomisch)
innertropische Konvergenzzone (ITK) 145, 146, 149
Interglazial (s. Warmzeit)
intern (s. Wechselwirkungen im Klimasystem)
Internat. Geosphären-Biosphären-Programm (IGBP) 25
Internat. Meteorologische Organisation (IMO) 13
Internat. Panel on Change (IPCC) 26, 176–180, 189, 190, 195
Interpluvial 108
Interstadial 101
Ionium 43
Ionosphäre 7
Isotope (s. Sauerstoff-Isotope)

J

Jahresgang 15, 125, 126, 148
Jahreszeiten 126, 129, 146, 181, 185
Jaramillo-Ereignis 42
Jüngere Dryaszeit 88, 94, 100, 101
Jüngere Tundrenzeit 94, 100, 101
Jura 114

K

Kaena-Ereignis 42
Kalk, kalkbildend 40, 45
Kaltzeit (K) 12, 13, 16, 88, 89, 92, 94, 98–101, 103–108, 111, 114, 129–131, 140, 142, 144, 150, 185, 194
Kambrium 114, 143
Kanarenstrom 151
Känozoikum 114
Kaolin 45
Karbon 114
Kleine Eiszeit 79, 81, 82, 84, 85, 89, 91, 93, 112, 125
Klima
– allgemein (s. Definition)
– Änderungen 65–117, 158–183, 196, 197
– Beeinflussung (s. anthropogen)
– Daten 22, 27–50, 65–117, 158, 180, 183, 190
– Definition 10–14, 23–25, 50
– Diagnose 25, 172, 183, 192
– Elemente 21, 22, 32, 44, 49, 50, 62, 66, 128, 153, 155, 156, 182, 191
– Faktoren 22, 194
– Gürtel (Zonen) 10, 145, 148–150
– Impakt 22, 25
– Informationsquellen 27–49
– Modelle 24, 25, 125, 130, 131, 140, 150, 153–157, 162, 163, 170, 172, 175, 177–183, 186, 192
– Normalperiode 13
– Parameter 22
– Phänomene 3–7, 16
– System 17–20, 21, 23–25, 118–122, 132, 144, 159, 171, 195, 197,
– Ursachen 118–152, 158–183, 192
– Vorhersage (Prognose) 92, 154, 179, 181, 187, 189, 192–195
– Zustand 65, 95, 105, 117
Klimakonvention 196, 197
Klimaoptimum (s. Optimum)
Klimapessimum (s. Pessimum)
Klimarauschen 186, 195
Klimasignale 186, 189–191, 195
Klimawende 83–85, 89, 90
Kohlendioxid (CO_2) 4, 37, 41, 133–135, 158, 161, 173–177, 179–181, 185–187, 189, 190, 196
Kohlendioxid-Äquivalente 175, 176, 179, 180, 187, 189
Kohlenmonoxid (CO) 4
Kohlenstoff (C) 42, 174, 175
Kontinentaldrift (-verschiebung) 19, 39, 119, 141–144, 194
Korrelation 51, 57, 59, 108
Korrelationskoeffizient 57, 58
Kovarianz 57
Kräuter 47
Kreide 114
Kryosphäre (s. auch Eisgebiete) 17, 19, 20, 24, 113, 131
Krypton (Kr) 4
Kupfer (Cu) 45
Kurilenstrom 151
Küste 38, 48

L

La Niña 152
Landeis (s. Eis)
Laschamp-Ereignis 42
Laubbäume 47
Lehmboden 45, 46
Licht 132, 133
Lithosphäre 17, 24
Löß 45
Luft, allgemein 4, 5, 30, 146
Luftdichte (s. Dichte)
Luftdruck (s. Druck)
Luftfeuchtigkeit (s. Feuchtigkeit)
Lufttemperatur (s. Temperatur)
Luftzusammensetzung (s. Atmosphäre)

M

Magnesit 45
Magnetfeld (der Erde s. Erdmagnetfeld)
magnetisch, magnetisierbar 41, 42
Mammoth-Ereignis 42
Mannheimer Stunden 31
Masse (Atmosphäre usw., Klimasystem) 20, 73
Matuyama-Epoche 42, 106
Meer (s. Ozean)
Meereis (s. Eis)
Meeresboden 38–41, 97, 141
Meeresbodenverbreiterung (s. sea floor spreading)
Meeresspiegel 38, 66, 68, 90, 95, 97, 109, 141, 182
Meeresströmungen 17, 21, 118, 147, 151
Menap–Kaltzeit 107

Mesosphäre 6, 7, 136
Mesozoikum 109, 114
Meteore, Meteoriten 109, 119
Meteorologie 5, 7, 14, 15, 25
METEOSAT 33, 149
Methan (CH_4) 4, 37, 41, 134, 135, 173, 174, 187
Mindel-Kaltzeit 104, 105–107
Mineralogie, mineralogisch 38, 45, 46
Miozän 114
Mittelalterliches (Klima-) Optimum 79, 80, 82–85, 89, 90–93, 112, 125
Mittelungsmaße, Mittelwerte 51–55, 61–63, 68, 69, 79, 80, 96, 109, 113, 134, 151, 178, 179, 181, 186, 188–191, 193, 195
Modernes Optimum 79, 85, 112
Modus 54
Moränen 48

N

Nacheiszeit 91
Nadelbäume 47
Nebel 5, 168, 169
Neo-Warmzeit 47, 85–88, 91, 96, 98, 103, 107, 109, 112, 116, 130
Neoklima, neoklimatisch 27, 35, 65, 66
neolithische Revolution 159, 161
Neon (Ne) 4
Neozoikum 109, 114
neuronale Netze 51, 58, 157, 189, 190
Nickelsilikat 45

Niederschlag 5, 17, 21, 27, 29, 37–39, 41, 44, 48, 66, 70–73, 75–78, 82, 85–90, 92, 108, 114, 120, 128, 142, 146–148, 150, 152, 155, 162, 164, 165, 167, 182
Normalverteilung (statistisch) 53, 63
nuklearer Winter 171
Nullhypothese 55
Nunivak-Ereignis 42

O

ökologisch 22, 182, 183
Ökosystem 10, 11, 164, 197
Olduvai-Ereignis 42
Oligozän 114
Optimum (des Klimas, allgemein, O) 79–81, 93, 94
Optimum der Römerzeit 86, 91–93
Optimum des Mittelalters (s. Mittelalterliches Klimaoptimum)
Orbitalparameter (s. Erdbahnparameter
Ordovizium 114
Orogonese 119, 131, 144
orthogonale Methoden (statistisch) 51, 58
Ostaustralienstrom 151
Oyaschio 151
Ozean 17, 19, 20, 22, 38, 40–43, 48, 96, 109, 110, 113, 122, 142, 144, 150–153, 155, 166, 179, 182, 185
Ozeanströmungen (s. Meeresströmungen)
Ozon (O_3) 4, 5, 132–135, 172, 173, 175, 184, 185, 187
Ozonloch 119, 172, 185, 196
Ozonschicht 132, 184

P

Paläoklima, paläoklimatologisch 35–49, 65, 73, 79, 137, 150, 191
Paläozän 114
Paläozoikum 114
Passat 146
Pedosphäre (s. auch Boden) 17, 24
Perihel 126, 128
Periode, periodisch 8, 9, 59, 62, 63
Perm 114
Permafrost (s. Dauerfrost)
Permokarbonisches Eiszeitalter 11, 112, 114, 144
Persistenz 60, 62
Perustrom 151, 152
Pessimum (des Klimas, allgemein, P) 79–81, 93, 94
Pessimum der Völkerwanderungszeit 83, 86, 89, 90, 93, 94
petrographisch 38
Pflanzen (s. Vegetation)
Pflanzenpollen (s. Pollen)
Phänerozoikum 114
Phänologie 36
Photosphäre 123, 124
Piora-Oszillation 87, 93
Pleistozän 114
Pliozän 114

Pluvial 109
polar, Polargebiet 10, 37, 39, 105, 145, 147
Polarfrontzyklone 147, 149
Polarität (des Erdmagnetfeldes) 41, 42
Pollen 37, 46–48
Pollenspektrum 47, 150
Population 51
Postglazial 91
Präarchaikum 115
Präboreal (Klimaepoche) 88, 93, 94
Praetegelen-Warmzeiten 104
Präkambrium 115
Proterozoikum 115
Protuberanzen 123

Q
Quartär 12, 47, 103, 109, 110, 114
Quartäres Eiszeitalter 103–112, 114, 116, 144
Quarz 45

R
RADAR 33
Radioaktivität, radioaktiv 42, 43
Radiosonde 32, 33, 70
Rahmenübereinkomme der UN über Klimaänderungen (s. Klimakonvention)
Rangkorrelation 58
Ranker 45
Rauschen (weißes und rotes, statistisch) 60, 62
Regen (s. auch Niederschlag) 8, 108, 168
Regentage 168
Regenwald (tropischer) 161–165
Regression 51, 57, 58, 189
Regressionsmodell 157, 188–190
Repräsentanz 65, 70, 79
Riß-Kaltzeit 47, 104–107
rotes Rauschen (s. Rauschen)
Rotlehm 45
Rückkopplung 120, 121, 125, 131, 142, 144, 155, 159, 162, 177, 178, 182, 186
Ruß, Rußpartikel 169, 171, 187

S
Saale-Kaltzeit 107
Sahelzone 72, 164
Säkularreihe 28, 32,39
Salz 45
Salzgehalt (des Ozeans) 38, 119, 150
Satellit (s. auch Wettersatellit) 124, 148, 149
Sauerstoff (O_2, atomarer O) 4
Sauerstoff (O)-Isotope 36, 38–40, 48, 81, 93, 98, 99, 100, 103–106
Schätztheorie, Schätzverfahren (statistisch) 51, 54–56
Schelfeis 110
Schmetterlingseffekt 2
Schnee (s. auch Chionosphäre) 18, 39, 96, 119, 120, 142, 145, 171
Schneegrenze 48
Schotter 38, 45, 46, 48
Schwefeldioxid (SO_2) 169, 170
sea floor spreading 141
Sedimente, Sedimentation 38–41, 43, 44, 46, 103–105
Seewetterwarte (deutsche) 32

Signifikanzniveau, -grenze 55, 62, 68
Silber 45
Siliziumoxid 45
Silur 114
Silur-Ordovizisches Eiszeitalter 113, 114, 142–144
Smog 167
Societas Meteorologica Palatina 30, 31, 66
Solarkonstante 119, 123, 124
Sommer 67, 68, 73, 75–78, 83, 86, 96, 136, 181, 182
Sonne 6, 10, 19, 20, 123, 187
Sonnenaktivität 119, 123, 125, 132, 144, 187, 189, 191
Sonnendurchmesser-Variationen 125
Sonnenfackeln 123
Sonnenflecken 123– 125
Sonnenscheindauer 21, 29, 167, 168
Sonnenstrahlung 21, 22, 118, 120, 122–128, 129, 132–134, 136, 138, 144–146, 156, 159, 163, 167, 168, 171
Southern Oscillation (SO) 152
sozioökonomisch (ökonomische und soziale Klimaauswirkungen) 22, 36, 84, 89, 90, 92, 182, 183
Stadial 101
spektral (s. auch Varianzanalyse) 9
Spektrum elektromagnetischer Energie 133, 65, 188, 190, 191, 193
Spektrum atmosphär. Vorgänge 12, 13

Spline–Funktion 64
Spurengase (klimawirksame) 135, 173, 194, 195
Stadtklima 29, 119, 166–169
Standardabweichung 51, 57, 64, 68
Stärno-Ereignis 42
Statistik, statistisch 23–25, 50–64
Stäube 171
Stichprobe 50–55, 57, 58, 60, 63, 65
Stichprobenbeschreibung 51–53, 55
Stickoxide (NO_x = NO, NO_2) 4, 170
Stickstoff (N_2) 4
stochastische Klimavariationen 187
Strahlung (allgemein, s. auch Sonnenstrahlung, terrestrische Strahlung) 19, 20, 122–128, 168
Strahlungsbilanz 122, 127, 128, 146
Strahlungskonventionsmodell (radiative convective model, RCM) 156, 157, 175, 186
Stratosphäre, stratosphärisch 5, 6, 110, 132, 136, 138, 170, 175, 182, 184, 185
Streuung 53
Sturm (s. auch Wirbelsturm) 12, 32, 73, 83
Sturmflut 83
Subatlantik (Klimaepoche) 86, 93, 94
Subboreal (Klimaepoche) 87, 93
Subduktion 141
Subpolar 145

Subtropen, subtropisch 45, 75, 90, 145–147, 149, 164, 165, 182
Sulfat 119, 136, 169, 170, 186, 187, 189
Super-Warmzeit 92
Synoptische Meteorologie 14, 15, 30

T

Tagesgang 9, 11, 12, 125, 128, 163
Tegelen-Warmzeit 104, 107
tektonische Platten 141, 142
Temperatur 5–8, 11, 12, 14, 21–23, 27–29, 32, 33, 37–40, 43–45, 48, 52, 56–58, 61, 62, 65–117, 125, 127, 131, 132, 134, 135, 138, 140, 145–147, 150, 151, 154, 156, 163, 168, 170, 177–181, 186, 188, 189, 190, 191, 193, 195
terrestrische (Wärme-) Strahlung 127, 132–134, 156, 167, 171
Tertiär 12, 108–111, 114, 137
Testtheorie, Testverfahren (statistisch) 51, 54–56
thermohalin 150
Thermometer 27, 28, 36
Thermosphäre 6, 7
Thorium 43
Tiefdruckgebiet (T) 15, 145–148, 152
Tiefenstrom (ozeanisch) 151, 152
Tiefenzirkulation (ozeanisch) 152, 155

Tiefpaßfilterung (numerisch-statistisch) 61–63, 66, 67, 69, 70, 72, 73, 80, 124, 188
Tiefsee (s. Ozean)
TIROS 33
Tornado 12, 73
Transitivität (des Klimas bzw. Klimasystems) 121, 122
Treibhauseffekt
– natürlicher 127, 132–135, 144, 172, 174
– anthropogener 119, 155, 160, 161, 172–186, 188, 189, 191, 194, 197
Treibhauspotential 173
Trend (klimatologischer) 10, 16, 61, 64, 66–71, 73, 75–78, 92, 131, 180
Trend-/Rauschverhältnis 64, 68
Trias 114
Trombe 12
Tropen, Tropenzone, tropisch 10, 45, 65, 96, 108, 145–147, 161–165, 178, 182, 185
Tropopause 5
Troposphäre, troposphärisch 5, 6, 119, 127, 146, 169–171, 175, 180, 182, 184–186
Turbulenz 11, 12, 14, 15

U

Ultraviolett (-Strahlung, UV) 132, 133, 168, 184, 185
Umwelt 1, 11
Umweltkonferenz 196, 197
urbanes Klima (s. Stadtklima)
U-Täler 48
U-Verteilung 52, 54

V

Varianz 9, 51, 55, 62, 193
Varianzanalyse, spektrale 53, 58–62
Varianzspektrum 59, 60, 62, 64
Variationsmaße 51
Vegetation 10, 18, 89, 119, 145, 147, 150, 161, 164, 165
Vegetationsperiode 44
Verdunstung 17, 21, 37, 48, 121, 128, 150, 163, 178
Vereisung 34, 38
Verteilungstheorie (statistisch) 53, 54
Vertragsstaatenkonferenz zur Klimakonvention 197
Verwitterung 45
Volumen (von Gletschern) 73, 74, 95
Vorhersage (s. Klima, -vorhersage)
Vulkane, -tätigkeit, -aktivität
– allgemein 37, 41, 119, 131, 135–140, 144, 148, 187, 189, 191, 194
– Liste der Eruptionen 139
– Stärkeklassen 139, 140
Vulkane, vulkanisch 19, 20

W

Waal-Warmzeit 104, 107
Wahrscheinlichkeit 50, 54, 62, 192, 193, 196
Wahrscheinlichkeitsdichte 51, 54
Wahrscheinlichkeitsniveau 55
Wald 109, 147, 159–161, 163, 164
Waldbrände 119
Waldrodungen 2, 159, 160–166, 174
Walker-Zirkulation 147, 152
Wärme, Wärmehaushalt 132, 133, 166, 167
Wärmeflüsse 127, 128, 132, 163, 182
Wärmekapazität 20, 179
Wärmestrahlung 127
Warmklima (akryogenes) 108–112, 116, 122, 142, 148
Warmzeit (W) 12, 94, 98–100, 103–108, 111, 114, 122, 130, 131, 142, 144
Warwe 37, 44
Wasser, Wasserhaushalt (s. auch Hydrosphäre, H_2O) 4, 5, 17, 19, 20, 44, 113, 145, 161, 162, 166, 182
Wasserdampf (H_2O) 4, 5, 113, 133–135, 175, 177, 178, 182, 187
Wasserkreislauf 17, 155, 166
Wasserstoff (H_2) 4
Wechselwirkungen (im Klimasystem) 17, 18, 20, 24, 118, 120, 150, 152, 187
Weichsel-Kaltzeit 94, 107, 112
weißes Rauschen (s. Rauschen)
Weltbevölkerung 1, 2, 160, 174, 194
Weltenergie 1, 3, 160, 174
Weltklimakonferenz 25, 196
Weltklimaprogramm 25
Weltmeteorologische Organisation (WMO) 13, 33
Weltwetterwacht (WWW) 33
Westaustralienstrom 151
Westwindzone 147, 148

Wetter 5–7, 10–12, 14–16, 62, 73, 147, 148, 193
Wetterdienst 32
Wetterfront 15, 147
Wettersatellit 33
Wind 14, 17, 21, 28, 29, 37, 66, 70, 118, 145, 147, 148, 154, 163, 166, 168, 169, 183
Winter 67, 68, 70, 73, 75–78, 84, 89, 96, 98, 167, 180, 181
Wirbelsturm (s. auch Tornado) 12, 73
Witterung 34, 148
Witterungsaufzeichnungen 34, 35
Wolken 5, 7, 8, 12, 14, 15, 52, 119, 121, 128, 132, 134, 135, 146–149, 162, 167–169, 177, 178
Würm-Kaltzeit (-Eiszeit) 13, 47, 91, 94–107, 112, 116, 140
Wüste 34, 145, 161, 164

X
Xenon (Xe) 4

Z
Zeitreihe (statistisch) 51, 56, 59, 60, 62, 63, 65
Zeitreihenanalyse 53, 56, 58–64
Zeitreihenfilterung 62–64
Zink 45
Zirkulation
– allgemein 15, 118–120, 128, 153–156
– der Atmosphäre 118, 119, 128, 144–150, 153
– des Ozeans 118, 119, 128, 148, 150–153
– gekoppelte (atmosphärisch-ozeanisch) 153, 154, 178
Zirkulationsmodelle (general circulation model, GCM, s. auch Klimamodelle) 153–156, 162, 175, 182, 189, 190
Zonalindex 23
Zufall, Zufallsprozeß, Zufallsvorgang 62
Zyklus, zyklisch 9, 16, 35, 59, 60, 62, 125
Zykluslänge 9, 60, 62, 125